图解 装饰材料实用速查手册

付知 许倩 / 编著

化学工业出版社

·北京·

本手册以"便携、速查"作为出发点，主要介绍建筑装饰工程中所必须掌握的大量常用装饰材料与制品，包括基础装饰材料、墙面砖和地面砖、成品装饰板材、地板、涂饰涂料、软装配饰材料、水电工程配件与制品、玻璃材料与制品等。

本书力求图、文、表并茂，每一章节都附有辅料、配件的详细介绍，使读者能轻松掌握常见装饰装修材料的品种、特性、识别与选购技能，更全面地理解装饰材料的功能及效果，适用面宽、实用性强。本书可作为建筑装饰、艺术设计专业的教学参考书或教材使用，也可供从事建筑装饰行业的设计人员、施工人员和广大业主参考。

图书在版编目（CIP）数据

图解装饰材料实用速查手册 / 付知，许倩编著. —
北京：化学工业出版社，2019.11
ISBN 978-7-122-35320-7

Ⅰ．①图… Ⅱ．①付… ②许… Ⅲ．①建筑材料－装
饰材料－手册 Ⅳ．①TU56-62

中国版本图书馆 CIP 数据核字（2019）第 215456 号

责任编辑：朱　彤		美术编辑：王晓宇
责任校对：边　涛		装帧设计：水长流文化

出版发行：化学工业出版社（北京市东城区青年湖南街 13 号　邮政编码 100011）
印　　装：北京缤索印刷有限公司
787mm×1092mm　1/16　印张 10½　字数 230 千字　2020 年 1 月北京第 1 版第 1 次印刷

购书咨询：010-64518888　　　　　　　　售后服务：010-64518899
网　　址：http://www.cip.com.cn
凡购买本书，如有缺损质量问题，本社销售中心负责调换。

定　　价：58.00 元

前言

随着我国经济的快速发展和人民生活水平的不断提高，人们对居住质量的要求也在不断提高，室内装饰装修行业也得到了迅猛发展。建筑装修材料的更新速度快，而且种类逐渐增多，人们对于装饰材料的选择空间变得越来越大，对于装饰材料的需求和要求也越来越高。

建筑装饰材料作为完成建筑装饰工程的基础材料，最主要的特征便是种类多样化、品牌多样化。为了满足社会发展的实际需求，目前已经开发了大量绿色、环保、节能的建筑装饰材料，在选择建筑装饰材料时，尤其要特别注意其经济性、实用性、坚固性和美化性的统一，以满足不同建筑装饰工程的各项功能要求。

作为一本便携式、图鉴式的装饰材料实用速查手册，本书主要介绍了建筑装饰工程中所必须掌握的200多种常用装饰材料与制品，深入浅出地介绍了大量建筑基础装饰材料和紧随潮流的新型装饰材料，使读者能在短时间内对装饰材料有更全面和深入的了解和掌握，利于在实际过程中做到随时查阅、快捷方便。

本书适用面宽、实用性强，除了分门别类地介绍装饰材料之外，还对装饰材料的市场价位、材料性能、材料规格、搭配技巧等也进行了详尽介绍，力求做到以专业的角度剖析各种建材的选购技巧，旨在满足读者"聪明挑、安心购、省时买、巧妙搭"的实际需要。还应指出的是，由于市场波动等原因，书中商品价格仅供读者参考。

本书由付知、许倩编著。参与本书工作的其他人员如下：湛慧、赵银洁、刘赛飞、史晓臻、刘嘉欣、王璠、任瑜景、金露、黄溜、万丹、朱钰文、汤留泉、万阳、张慧娟、董豪鹏、曾庆平、彭尚刚、张达、张泽安、万财荣、杨小云、吴翰、肖洁茜、王灵毓、程明、彭子宜、张伟东、聂雨洁、蔡铭、刘洪宇、宋秀芳、丁嘉慧、李婧妤。

由于时间和水平有限，不足和疏漏之处在所难免，敬请广大读者批评指正。

编著者
2019年8月

目 录

第三章　成品装饰板材

第四章　地板

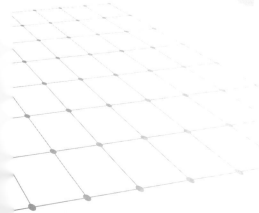

第五章　涂饰涂料

第八章　玻璃材料与制品

第一章

基础装饰材料

识读难度：★ ★ ★ ☆ ☆

核心要点：墙体砌筑材料、墙固涂料、地固涂料、金属材料、水电材料

分章导读：所有装饰工程均是由基础工程开始的，了解相关的基础材料对后期施工将会有很大益处。本章主要介绍建筑装饰工程中将会用到的墙体砌筑材料（图1-1）、墙和地面保护涂料、金属材料及水电工程基础材料。

图1-1 墙体砌筑材料

第一节 | 墙体砌筑材料

墙体砌筑需要选择具备承压能力较强的材料，但大多数承压能力较强的材料，隔热功能一般都比较差；而隔热功能比较好的建筑材料，基本上是气体含量较高的轻质材料。因此，在选择筑墙材料时，建议因地制宜，根据不同环境选择合适的材料。

一、轻质砖：成本低，工期短

轻质砖一般是指发泡砖，它不会增加楼面负重，其不渗透性、耐久性和耐火性以及隔声效果等都不错。

1.经济性

轻质砖可以降低基础工程的造价，设计使用轻质砖比采用实心黏土砖实惠，综合造价可降低5%以上；同时，还能减小框架的截面，节约钢筋混凝土，降低综合造价。

2.施工性

轻质砖具有良好的施工性，由于块大、质轻，可以很好地减轻劳动强度，提高施工效率，缩短建设工期（图1-2）。

3.保温、隔热

轻质砖在制造过程中，内部形成了微小气孔，这些气孔在材料中形成空气层，可以提高保温隔热效果（图1-3）。

4.环保、抗震

轻质砖在制造、运输和使用过程中都没有污染，可以很好地保护耕地，也比较节能降耗，属于绿色环保建材；而同样的建筑结构使用轻质砖，也比使用黏土砖抗震性要好（图1-4）。

图1-2 大块轻质砖

大块的轻质砖在目前装饰工程中会更多地使用到，这种轻质砖能降低工程造价，减少施工难度。

图1-3 轻质砖气孔

轻质砖独特的气孔造就了良好的保温性，轻质砖的保温效果是黏土砖的5倍，是普通混凝土的10倍。

图1-4 轻质砖规格

轻质砖的规格有600mm×240mm×100mm、600mm×240mm×120mm、600mm×240mm×200mm以及600mm×200mm×200mm等。

二、水泥：环保与抗压性强

1.普通水泥

普通水泥是由硅酸盐水泥熟料、石膏以及10%～15%混合材料等磨细制成的水硬性胶凝材料，又被称为普通硅酸盐水泥。普通硅酸盐水泥的用量很大，主要用于墙体构造砌筑、墙地砖铺贴等基础工程。一般采用编织袋或牛皮纸袋包装，包装规格为25 kg/袋，而强度为32.5级的水泥价格则为20～25元/袋（图1-5，图1-6）。

2.白水泥

白水泥又称为白色硅酸盐水泥。白水泥的传统包装规格为50kg/袋，现代建筑装饰工程用量不大，一般为2.5～10 kg/袋（2～3元/kg），掺有特殊添加剂的白水泥会达到5元/kg。白水泥具备比较好的装饰性，而且制造工艺也比普通水泥要好，主要用于勾勒白瓷片的缝隙，一般不用于墙面（图1-7）。

图1-5 凝固的水泥
水泥凝固需要一定时间，一般是12 h，凝固后还要浇水养护。

图1-6 水泥存放
水泥需要存放于干燥的环境中，建议整齐摆放，可以在水泥上方覆盖一层无纺布，用于防尘、防水。

图1-7 白水泥存放
存放白水泥时建议隔绝空气通道，可在其表面搭上一层遮雨布，建议白水泥底部放2层木板。

三、砂石：用途广，色彩丰富

砂石主要是指河砂与石料，这些都是水泥、混凝土调配的重要配料。

1.河砂

砂包括河砂、海砂、湖砂以及山砂等，一般粒径小于4.7mm的岩石碎屑都可以称之为建筑用砂。河砂质量稳定，一般含有少量泥土，水泥砂浆、混凝土中的砂用量约占30%～60%。在大中城市中，河砂的价格为200元/吨左右；也有经销商将河砂过筛后装袋出售，每袋约20kg，价格为5～8元/袋（图1-8～图1-10）。

2.石料

石料又称石头。石料泛指所有能作为建筑材料的石头，一般是指粒径大于4.7mm的岩石颗粒，常规的石料密度为2700 kg/m³左右。

（1）**砌体石**（图1-11）。砌体石主要用于墙体砌筑，一般采用石材与水泥砂浆或混凝

图1-8　海砂

海砂可以作为工程建设的原材料，但海砂中的盐分氯离子会慢蚀钢筋，因而在建筑中使用较少。

图1-9　河砂

河砂是通过河水的冲击和侵蚀而形成的、有一定质量标准的建筑材料，常用于制备混凝土。

图1-10　天然岩石

天然岩石可以分为岩浆岩、沉积岩以及变质岩，常用的建筑材料花岗岩就属于岩浆岩。

土砌筑，石材可就地取材，在产石地区多运用石材砌体，这种形式也比较经济，应用广泛。

（2）**鹅卵石**（图1-12）。鹅卵石是开采河砂的附属产品，粒径规格一般为25～50mm，价格为3～4元/kg，因其状似鹅卵而得名；作为一种纯天然的石材，表面光滑圆整，颜色多种多样，可以呈现出变化万千的色彩，比较常见的有黑、白、黄、红、墨绿、青灰等多种色彩。

（3）**雨花石**（图1-13）。雨花石是一种天然玛瑙石。

图1-11　砌体石

砌体石应选用质地坚实、无风化剥落和裂纹的石材，在清水墙、柱等区域，所选用的砌体石表面色泽应均匀。

图1-12　鹅卵石

鹅卵石铺地时要将尖锐部分放在砂浆中，铺设结束后要用木板压平，并用湿布清洁多余水泥砂浆。

图1-13　雨花石

雨花石也被称为文石和观赏石，具有绚丽的色彩和独特的花纹，观赏价值极高。

Tips　鹅卵石的识别与选购

　　1.观察形态和色泽。 具有装饰特色的鹅卵石表面一般都比较光滑，色彩也都比较统一、丰富，表面会有纹理，但不会出现裂缝。

　　2.根据铺设方式选购。 用于零散铺设的鹅卵石应该选择黑色、灰色以及白色等色系，而且表面应非常光滑、晶莹；用于镶嵌铺装的鹅卵石则建议选择花纹和色彩都比较丰富的彩花系列，但要注意不要选择表面过于光滑的鹅卵石；太过光滑的鹅卵石与水泥砂浆的结合度比较低，在镶嵌过程中会很容易脱落，影响铺设和装饰效果。

四、混凝土：承载力强，装饰性好

混凝土是由胶凝材料（如水泥）、水以及骨料等按适当比例配制，经混合搅拌、硬化而成的。

1.普通混凝土

普通混凝土具有原料丰富、价格低廉、生产工艺简单的特点；同时，混凝土还具有抗压强度高、耐久性好、强度范围广等特点。

普通混凝土可用于浇筑地面、楼板、梁柱等构造，也可用于成品墙板或粗糙墙面找平，在户外庭院中还可以用于浇筑各种小品、景观、构造等物件（图1-14～图1-16）。

图1-14　立柱钢筋与模板

使用混凝土砌筑立柱时要将立柱的钢筋先捆绑起来，再做模板，然后浇筑混凝土进行封模。

图1-15　混凝土浇筑

混凝土浇筑的自由高度不宜超过2m，浇筑所用的水泥、砂、石以及外加剂等必须经过检验合格后才能使用。

图1-16　成品混凝土厂

成品混凝土厂负责供应各种类型的混凝土，根据所需量和种类的不同，价格也会有所不同。

Tips　混凝土保养与运输

混凝土配置搅拌后要在2h内浇筑使用，浇筑梁、柱、板时，初凝时间为8～12h，大体积混凝土为12～15h。混凝土浇筑后要注意养护，这样有利于创造适当的温度、湿度条件，保证或加速混凝土的正常硬化。我国的标准养护条件是温度为20℃，湿度大丁95%。混凝土一般采用专用的混凝土车运输，在运输过程中要注意保持混凝土的匀质性，运送混凝土的容器应该严密、不漏浆，容器内部要平整、光洁、不吸水。

2.装饰混凝土

装饰混凝土是近年来一种流行于国外的绿色环保材料，通过使用特种水泥、颜料或颜色骨料，在一定的工艺条件下制得的混凝土。

（1）优点

装饰混凝土既可以在混凝土中掺入适量颜料或采用彩色水泥，使整个混凝土结构或构件具有色彩，又可以只将混凝土的表面部分设计成彩色的。这两种方法各具特点，前者质量较好，但成本较高；后者价格较低，但耐久性较差。

装饰混凝土能在原本普通的新旧混凝土的表层，通过色彩、色调、质感、款式、纹理的创意设计，对图案与颜色进行有机组合，创造出各种类似天然大理石、花岗岩、砖、瓦、木地板等的铺设效果；具有美观自然、色彩真实、质地坚硬等特点。

（2）规格

装饰混凝土用的水泥强度等级一般为42.5级，细骨料应采用粒径小于1mm的石粉，也可以用洁净的河砂代替。颜料可以采用氧化铁颜料或有机颜料，颜料要求分散性好、着色性强。

此外，为了提高饰面层的耐磨性、高强度及耐候性，还可以在面层混合料中掺入适量的胶黏剂。目前，采用装饰混凝土制作的地面，可具有不同的几何、动物、植物、人物图形，产品外形美观、色泽鲜艳、成本低廉、施工方便（图1-17，图1-18）。

3.混凝土对比

混凝土对比见表1-1。

图1-17 装饰混凝土模具

装饰混凝土模具有各种造型，主要用于广外需要以特色图案装饰的地面区域。

图1-18 彩色沥青混凝土

彩色沥青混凝土可用于绿道、自行车道、步行道等慢行系统及景观道路铺装。

表1-1 混凝土对比

品种	图示	性能特点	用途	价格
普通混凝土		强度高，与钢筋配合浇筑具有很强的承载力	地面、楼板、立柱等承载构造浇筑	800~1000元/m²
装饰混凝土		装饰效果多样，强度一般，有连续纹理图样	庭院地面、水池底等界面装饰	600~800元/m²
沥青混凝土		价格低廉，强度高，地面基层必须经过夯实	庭院行车、停车地面铺装	400~600元/m²

> **Tips**　**水泥、河砂注意事项**
>
> 　　1.水泥要存放于阴凉、干燥处，水泥在存放时如果遇到暴晒，水分会迅速蒸发，水泥强度会大幅降低，甚至完全丧失。
>
> 　　2.水泥比例要协调，而且需要注意的是调配的水泥砂浆应在2.5h内使用完毕。
>
> 　　3.在施工过程中，河砂需要用网筛过才能使用，网孔的内径边长一般为10mm左右。

第二节 | 墙、地面保护涂料

一、墙固涂料：环保，附着力与渗透性强

　　墙固涂料具有优异的渗透性，能充分浸润墙体基层材料表面，通过粘接使基层密实，提高界面附着力，提高灰浆或腻子和墙体表面的粘接强度，能够有效防止空鼓，适用于砖混墙面抹灰或批刮腻子前基层的密实处理（图1-19）。

　　1.优点

　　（1）**附着力强**。墙固涂料可以改善光滑基层的附着力，是传统建筑界面剂的更新换代产品，也适用于墙布和壁纸的粘接。

　　（2）**施工方便**。墙固涂料由于涂布方便，胶膜薄，初黏性适宜，特别适宜墙布和壁纸的粘接，不易产生死褶和鼓包。

　　（3）**优异的渗透性和环保性**。墙固涂料具有优异的渗透性，能充分浸润基材表面，使基层密实，提高光滑界面的附着力且无毒、无味，是绿色环保产品。

　　2.注意事项

　　（1）**用法、用量**。待墙固涂料涂抹干透或造毛养护干燥后即可开始抹灰或批刮腻子，用1∶1水泥砂浆加入水泥胶浆，将其抹在瓷砖背面找平压实，砂浆自上而下进行，并随时用靠尺检查平整度。粘接墙布和壁纸时如感觉黏度高可加少量水稀释，用墙固涂料造毛时不得加水使用。理论上，1kg墙固涂料可涂布10m^{2}一遍，实际用量受施工中多种因素影响。

　　（2）**贮存和运输**。墙固涂料贮存在5～40℃阴凉通风处，严禁暴晒和受冻，保质期12个月；产品无毒、不燃，贮存运输可按非危险品处理。

　　（3）**施工环境**。施工温度在5℃以上，未用完的墙固涂料要注意密封。

▌二、地固涂料：环保，牢固性与耐水性强

地固涂料（或简称为地固）是一种专门用于水泥地面上的涂料，适用于建筑装饰工程装修初期水泥地面的封闭处理，可有效防止"跑沙"现象（图1-20～图1-22）。

1.优点

（1）**牢固性强**。使用地固能牢牢锁住水泥地面的松散颗粒，使地面紧密一体，便于建筑装饰材料与地面的密切结合，有效防止地砖的空鼓和地面"跑沙"现象。

（2）**耐水性和环保性**。地固耐水防潮，可以避免木地板受潮气侵蚀而产生的变形且不含甲醛等有害物质，是绿色环保产品，对人体无害；同时，还能避免日后从地板缝隙中"扑灰"，还可用于石膏找平和地面的固化，用量比水泥地面略大。

（3）**颜色多样化**。地固产品有多种颜色，主要以绿色、蓝色、红色为主，涂刷在地面时具有颜色鲜艳、色彩分布均匀、遮盖力强等特点，干燥后不掉粉，不掉色，可随意清扫。

2.注意事项

使用前要先将水泥地面清扫干净，可洒少量清水润湿地面，滚刷或涂刷均匀，间隔1h涂第二次。施工温度要控制在5℃以上，理论干燥时间为8h，严禁与其他制剂混合使用。

地固涂料要贮存在5～40℃阴凉通风处，严禁暴晒和受冻，保质期一般为12个月。产品无毒不燃，贮存运输可按非危险品相关规则处理。

图1-19 墙固涂料

使用墙固涂料前要将基层表面处理干净，确保基层表面坚实、无浮灰和油渍等现象。

图1-20 地固涂料

地固涂料由基料、填料、助剂复配而成，基料为主要成膜物质，填料为聚合物微粉，助剂为润湿分散剂等。

图1-21 生态地固涂料

生态地固涂料具备很好的环保性，防潮、防霉等性能也十分不错。

图1-22 地固涂料混合

地固涂料混合时会有小气泡产生，可用商家的样品进行混合，气泡均匀，经搅拌后可沉静为优质地固涂料。

第三节 | 金属材料

一、铝合金：耐腐蚀，可回收再生

铝合金是工业中应用广泛的一类有色金属结构材料，是在纯铝中加入一些合金元素制成，铝合金比纯铝具有更好的性能（图1-23，图1-24）。

1.铝合金优点

（**1**）**质量轻**。铝的密度很小，约为钢铁的1/3。铝合金板材、型材表面便于进行防腐、轧花、涂装等二次加工，而且可作为建筑装饰材料，便于搬运。

（**2**）**耐腐蚀**。铝合金的耐人气腐蚀性远优于钢铁，铝在大气中表面会生成一层附着力强、有一定保护性的自然氧化膜。

（**3**）**加工成形性好，成本低**。铝及其合金的压力加工产品，如板、管、棒、型材都可加工，而且纯铝价格低廉，可以大批量生产。

（**4**）**回收再生性好**。铝合金再生性能比较好，适合高频率使用。

2.铝合金龙骨

铝合金龙骨是一种常用的封阳台、吊顶装饰材料，可以作为支架，起到固定、美观的作用。铝合金龙骨应用广泛，主要用于受力构件，如轻质隔墙龙骨、吊顶主龙骨，各种窗、门、管、盖、壳构造以及装饰或绝热材料；与之配套的是铝合金扣板、硅钙板或矿棉板等（图1-25，图1-26）。

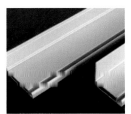  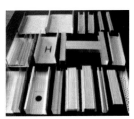 

图1-23 平整的铝合金

优质的铝合金表面比较平整，不会出现轻微凹凸状，轻微凹凸状的铝合金容易因氧化而变形。

图1-24 多变的铝合金

铝合令型材的强度不是越硬越好，铝具有一定韧性，利用这一优点能锻造成不同形状。

图1-25 铝合金龙骨

铝合金龙骨表面经电氧化处理，其具有质轻、高强、不锈、美观、抗震以及安装方便等特点。

图1-26 铝合金龙骨应用

铝合金龙骨可以用于制作建筑隔墙，既能缩短装修工期，也能减轻建筑材料对环境的污染。

Tips 铝合金型材鉴别

1.看色度。同一根铝合金型材色泽应一致，一般正常铝合金型材截面颜色为银白色，质地均匀；如果颜色暗黑，可以断定为回收铝或者废铝回炉锻造而成。

2.看平整度。检查铝合金型材表面，表面平整、光亮无凹陷或鼓出的为优质铝合金。

3.看强度。优质的铝合金型材不易弯折。

4.看光泽度。优质的铝合金型材表面不会有开口气泡和灰渣，表面也不会出现裂纹、毛刺以及起皮等明显缺陷。

二、塑钢：隔热保温，经久耐用

塑钢也称为塑钢型材，是被广泛应用的一种新型建筑材料，其不仅重量轻，而且韧性好，具有钢的优良性质；有时候也被称为合金塑钢。由于其具备良好的如刚性、隔声性、气密性、弹性、耐腐蚀性等物理性能，抗老化性能优异，通常是铜、锌、铝等有色金属的替代用品（图1-27～图1-30）。

 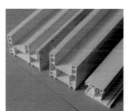  

图1-27 塑钢	图1-28 塑钢结构	图1-29 优质塑钢	图1-30 塑钢防伪喷码
塑钢的主要原料是聚氯乙烯树脂，其中还包含有一定比例的稳定剂、着色剂、填充剂以及紫外线吸收剂等。	塑钢型材的多腔结构以及独立的排水腔可以使水无法进入到增强型钢腔，有效避免了型钢腐蚀。	优质的塑钢型材表面非常平整光滑，没有凹凸不平的小点，有亮度，颜色也十分白净。	通过防伪喷码可以快捷地分辨出型材的真假，可了解型材的品牌、材质属性以及用处等。

1.优点

（1）**价格便宜**。塑料的价格远低于具有同等强度和寿命的铝材，当金属价格大幅上升时，这一优点也愈发明显。

（2）**保温性能好**。塑钢型材本身导热性能远不及铝；另外，多腔结构的设计更是达到了隔热的效果。

（3）**耐腐蚀**。塑钢型材具有独特的配方，具有良好的耐腐蚀性。

（4）**经久耐用**。塑钢在型材型腔内加入增强型钢，使型材的强度得到很大提高，具有抗震、耐风蚀效果。另外，抗紫外线成分的加入也使塑钢型材即使在紫外线很强的热带地区也能放心使用。

（5）**水密性好**。由于塑钢型材具有独特的多腔式结构和独立的排水腔，无论是框还是扇的积水都能有效排出。

（6）**抗风压性好**。在独立的塑材型腔内，可增加1.5～3mm厚的钢衬，并根据当地的风压值、建筑物的高度、洞口大小等来选择塑钢的厚度及型材系列。

（7）**耐寒性好**。塑钢型材采用独特的配方，提高了其耐寒性，即使是在温差较大的环境（−50～70℃），烈日暴晒、潮湿等都不会使其出现变质、老化、脆化等现象。

2.缺点

随着塑钢型材的广泛使用，一些缺点也暴露出来。绝大部分劣质型材使用了铅盐稳定剂，成品含铅量在0.6%～1.2%之间。铅是一种对人体有害的物质，当劣质型材老化时，会析出含铅粉尘，长期接触后会使血液中铅含量超标，甚至引起铅中毒。虽然从国外引进的钙锌配方以及有机锡配方，解决了产品含铅的问题，但是因其价格过高和技术不成熟，并没有得到大规模应用。

> **Tips** 　**塑钢鉴别**
>
> 　　**1.查看型材包装**。查看塑钢型材上所贴保护膜或者商标是否平整光滑，有无气泡，从一头到另一头是否处于同一直线上。假冒的塑钢型材商标会有很多气泡且歪歪斜斜，商标的质量也很差，仔细观察就能看出。
>
> 　　**2.查看型材表面**。撕掉保护膜检查塑钢型材的表面是否洁净，无污点，再检查塑钢型材的壁厚，好的塑钢型材主壁厚度能达到2mm以上；还可以检查塑钢型材的韧性，可以用老虎钳夹住塑钢型材壁面，来回掰；好的塑钢型材是不会轻易就断的，但这种鉴别情况不适用于冬季。
>
> 　　**3.查看防伪喷码**。真塑钢型材上都会有防伪喷码，一般情况下不用打查询电话就能分辨出真假来，一根6m长的塑钢型材上会有4～6个喷码组。首先查看喷码组的字迹是否清晰完整，冒牌的塑钢型材都是出厂后用很简单的转印机手工刷上去的，会模糊不清；真塑钢型材的喷码组都是唯一的，而假塑钢型材的喷码组都是一样的，也可以打查询电话核对一下喷码。

第四节　水电工程基础材料

水路管材需要各种不同型号、规格的管件、转角和接头；而电路线材不仅需要优质的材料，更需要精湛的施工工艺，才能保证建筑空间的安全性；电路线材重在使用功能，外观、色彩与质感倒是其次，应以少用、精用为原则。

一、水路管材：质量优异，安全节能

管材是用于制作管件的材料，水路中常用的管材主要有PP-R管、PVC管、铝塑复合管以及铜塑复合管等。

1.PP-R管

PP-R管是一种绿色环保管材，主要用于自来水供给管道（图1-31～图1-34）。

图1-31　PP-R管与管件	图1-32　管材鉴别	图1-33　触摸管材接缝	图1-34　火烧管材
PP-R管的配件要能与PP-R管相匹配，螺口大小要与PP-R管的管径一致，配套管件也要选择高品质的管件。	可通过测量PP-R管材的外径与壁厚以确定其是否符合国际标准，也可观察管材的壁厚是否均匀。	用手触摸PP-R管的金属配件时，金属与外围管壁的接触应当紧密、均匀，不会存在任何细微的裂缝或歪斜。	沿着PP-R管的外管壁进行加热，观察管壁是否有掉渣现象或产生刺激性的气味；若没有，则说明PP-R管质量好。

（1）PP-R管的优点

- **安全性能高。** PP-R管的原料只含有碳、氢元素，没有其他有毒元素存在，卫生可靠。
- **保温、节能。** PP-R管的热导率仅为钢管的5%，同时具有较好的耐热性；PP-R管使用寿命长，在70℃工作环境下，使用寿命可以达到50年以上；在常温20℃的工作环境下，使用寿命可以达到100年以上。
- **施工便捷。** PP-R管在施工中安装方便，连接可靠，具有良好的热熔焊接性能，各种管件与管材之间可以采用热熔连接，其连接部位的强度大于管材本身的强度。
- **可循环。** PP-R管可以回收利用，其废料经清洁、破碎后能够回收再利用于管材、管件的生产，而且不影响产品质量。

（2）PP-R管规格与价格。 大部分企业生产的PP-R管材有S5、S4、S3.2、S2.5以及S2等级别。如果经济条件允许，可以选用S3.2级与S2.5级的产品。现以25mm的S5型PP-R管为例，外径为25mm、管壁厚2.5mm，长度为3m或4m；也可以自由定制，价格为6～8元/m。

2.PVC管

PVC管全称为聚氯乙烯管，抗腐蚀能力很强且易于粘接，其质地坚硬、价格低，适用于输送温度小于45℃的排水管道，是当今流行且也被广泛应用的一种合成材料管道（图

1-35～图1-38）。

　　以75mm的PVC管为例，外径为75mm、管壁厚2.3mm，长度一般为4m，价格为8～10元/m。此外，PVC管还有各种规格、样式的接头配件，价格相对较高，产品体系比较复杂。

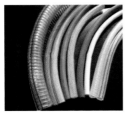   

图1-35　软PVC管	图1-36　硬PVC管	图1-37　鉴别PVC管（一）	图1-38　鉴别PVC管（二）
软PVC管具备良好的电绝缘性能、柔软性能和良好的着色性能。	硬PVC管抗老化性能好，内壁光滑、阻力小，不结垢，无毒、无污染。	优质PVC管一般为白色，管材的白度高，但并不刺眼。市场上出现的有色产品多为回收材料制作。	可用美工刀削切PVC管表面，优质PVC管的截面质地很均匀，削切过程中不会产生任何不均匀阻力。

3.铝塑复合管

　　铝塑复合管又被称为铝塑管，是一种中间层为铝管，内外层为聚乙烯或交联聚乙烯，层间采用热熔胶粘接而成的多层管，具有耐腐蚀与耐高压的双重优点（图1-39～图1-41）。

　　铝塑复合管的常用规格有1216型与1418型两种，其中1216型管材的内径为12mm，外径为16mm；1418型管材的内径为14mm，外径为18mm。铝塑复合管长度一般为50m、100m、200m。1216型铝塑复合管价格为3元/m，1418型铝塑复合管价格为4元/m。

  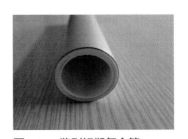

图1-39　铝塑复合管应用（一）	图1-40　铝塑复合管应用（二）	图1-41　鉴别铝塑复合管
标有白色L标识的铝塑复合管适用于生活用水、冷凝水、氧气、压缩空气等。	带有黄色Q标识的铝塑复合管，主要用于输送天然气、液化气、煤气的管道系统。	优质的铝塑复合管表面色泽与喷码均匀，无色差，中间铝层接口严密，没有粗糙的痕迹，内外表面光洁平滑。

4.铜塑复合管

铜塑复合管又被称为铜塑管，是一种将铜水管与PP-R管采用热熔法挤制、胶合而成的给水管。铜塑复合管的内层为无缝纯紫铜管，由于水是完全接触于紫铜管的，其性能等同于铜水管（图1-42～图1-44）。

图1-42 铜塑复合管构造

铜塑复合管的接头一般会采用紫铜或黄铜作为内嵌件，外部加注塑PP-R材料，可以进行简便的热熔连接。

图1-43 铜塑复合管鉴别

可以用手指伸进管内，优质管材的管口应当光滑，没有任何纹路，裁切管口无毛边。

图1-44 优质的铜塑复合管

优质的管件不应有扭曲，表面色泽也应该光亮不刺眼，管径和管壁尺寸都要符合标准。

（1）铜塑复合管的优点

- **节能、环保**。相比PP-R管而言，铜塑复合管更加节能、环保、健康。
- **较高的安全性能**。优质铜塑复合管的内衬为纯紫铜管，很少会出现铜锈，时间长了只会在表面形成一层氧化膜。因此，纯紫铜管材具有很高的安全性。

（2）铜塑复合管的规格与价格

铜塑复合管适用于各种冷水、热水给水管，由于价格较高，还没有全面取代传统的PP-R管。铜塑复合管的外径一般为20mm、25mm以及32mm等。生产厂家不同，其管壁厚度均不相同，但是铜塑复合管的抗压性能比PP-R管要高很多。以25mm的铜塑复合管为例，管壁厚4.2mm，其中铜管内壁厚1.1mm，长度一般为3m，价格为30元/m。

Tips 铝塑复合管鉴别方法

1.裁切查看是否有毛边。根据实际条件，垂直裁切一段铝塑复合管，用手指伸进管内，优质管材的管口应当光滑，没有任何纹理或凸凹，裁切管口没有毛边。

2.敲击铝塑复合管。用铁锤等较为坚硬的器物敲击管材，管材表面会出现弯曲甚至破裂现象，应为劣质产品。如果撞击面变形后不能恢复，则为一般质地；变形之后可以马上恢复至原形，为优质产品。

3.观察配套接头配件。铝塑复合管各种规格的接头与管壁的接触应当紧密、均匀，不能有任何细微的裂缝、歪斜等现象。

4.试压，检查卡扣是否牢固。铝塑复合管的连接形式为卡套式或卡压式，因此在施工中要通过严格试压，检查连接是否牢固，防止经常振动使卡套松脱。

5.水路材料对比

水路材料对比见表1-2。

表1-2　水路材料对比

品种	图示	性能特点	用途	价格
PP-R管		质地均匀，胀缩性好，抗压能力较强，无毒害，施工方便，结构简单，价格低廉	供水管道连接	φ25mm　S5型，6~8元/m
PVC管		质地较硬，耐候性好，不变形，不老化，管壁光滑，施工方便，结构简单，价格低廉	排水管道连接	φ75mm，管壁厚2.3mm，8~10元/m
铝塑复合管		能随意弯曲，可塑性强，抗压性较好，散热性较好，价格低廉	供水管道、供暖管道连接	1216型3元/m，1418型4元/m
铜塑复合管		无污染，健康环保，节能保温，安装复杂，连接紧密，价格昂贵	供水管道、直饮水管道连接	φ25mm，管壁厚4.2mm，内壁厚1.1mm，30元/m

二、水路辅料配件：连接紧密，抗压性强

1.给水管

（1）**不锈钢管**（图1-45）。不锈钢管是目前最高档的给水管，不仅不易被细菌污染，不必担心水质受影响，更能杜绝自来水的二次污染，它的保温性也优于铜管。不锈钢管比较常用的有16mm、20mm、24mm、25mm、28mm、32mm以及36mm等规格。

（2）**编织软管**（图1-46）。编织软管是采用橡胶管芯，在外围包裹不锈钢丝或其他合金丝制成的给水管。编织软管要求采用304型不锈钢丝，配件为全铜产品，使用年限一般在5年以上。编织软管的规格一般以长度进行判断，主要有400~1200mm多种，间隔100mm为一种规格，

图1-45　不锈钢管

不锈钢管与铜管相比，内壁更为光滑，通水性更高，在流速高的情况下不腐蚀，长期使用不会积垢。

图1-46 编织软管

可检查螺帽、内芯是否为纯铜配件，优质编织软管表面不会存在毛刺，冲压效果也较好。

图1-47 不锈钢波纹管

不锈钢波纹管柔性好，重量轻，耐腐蚀，抗疲劳，能够有效减震和消声，也耐高低温。

图1-48 液体生料带

液体生料带使用时应避免直接与身体接触，主要用于管道连接处。

其外径为18mm左右。

（3）不锈钢波纹管。不锈钢波纹管又被称为不锈钢软管，是一种柔性耐压管材（图1-47）。不锈钢波纹管的规格主要有200～1000mm多种，间隔100mm为一种规格，其外径为18mm左右。

2.生料带

生料带是水管安装中常用的一种辅助用品，用于管件连接处，具有良好的绝缘性、耐高低温性、自润滑性和不燃性（图1-48）。

3.水路给水管对比

水路给水管对比见表1-3。

表1-3 水路给水管对比

品种	图示	性能特点	用途	价格
不锈钢管		质地坚硬，内壁光滑，抗压性能强，安装复杂，连接紧密，价格昂贵	供水管道、直饮水管道连接	φ25mm，壁厚1mm，30～40元/m
编织软管		质地较软，可任意弯曲，抗压性能较强，结构简单，容易老化，价格适中	供水管道终端连接用水设备	长600mm，10～15元/支
不锈钢波纹管		质地较硬，可任意弯曲，抗压性能强，结构简单，耐候性好，价格较高	供水、供气管道终端连接用水、用气设备	长500mm，15～30元/支

三、电路线材：阻燃性、抗干扰性强

1.电源线

电源线是电能传输、使用的载体，内部主要由一根或几根金属导线组成，外面则包裹着一层护套线（图1-49～图1-52）。

图1-49 选择电线电缆先看包装

购买电线电缆可以先看包装的好坏，合格的产品应盘型整齐、包装良好，合格证上商标、厂名、厂址、电话、规格截面、检验员等齐全并印字清晰。

图1-50 比较电线电缆的线芯

打开包装简单看一下里面的线芯，比较相同标称的、不同品牌的电线电缆线芯，皮太厚的则一般不可靠；用力扯一下线皮，不容易扯破的一般是国标线。

（1）单股线（图1-53）。单股线即为单根电线，又可以细分为软芯线与硬芯线，内部是铜芯，外部包裹PVC绝缘层。单股线以卷为计量单位，每卷线材的长度标准应为100m。普通照明用线选用1.5mm^2，插座用线选用2.5mm^2，大功率电器设备的用线选用4mm^2，中央空调等超大功率电器可选用6mm^{2}以上的电线。

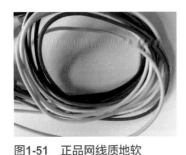

图1-51 正品网线质地软

正品网线质地比较软，而一些不良厂商在生产时为了降低成本，在铜中添加了其他金属元素，制作出来的导线比较硬，不易弯曲。

图1-52 火烧电线电缆以检验质量

可以用火烧的方式来测试电线的绝缘性，绝缘材料点燃后，移开火源，5s内熄灭的，有一定阻燃功能，一般为国标线。

图1-53 单股线

单股线的阻燃PVC线管表面应光滑且成卷包装，表面会贴有合格证和相关产品参数以便消费者选购。

（2）**护套线**（图1-54）。护套线是在单股线的基础上增加了1根同规格的单股线，即成为由2根单股线组合为一体的独立回路。这2根单股线即为1根火线（相线）与1根零线，部分产品还包含1根地线，外部包裹有PVC绝缘套统一保护。此外，优质的护套线包装上印字清晰，产品的型号、规格、长度、生产厂商以及厂址等信息都十分齐全。

图1-54 护套线

护套线的PVC绝缘套一般为白色或黑色，安装时可以直接埋设到墙内，包装和单股线包装一样。

2.信号线

信号线主要用于传递传感信息与控制信息，不同用途的信号线往往有不同的行业标准（图1-55～图1-57）。

（1）**网线**（图1-58）。网线是指计算机连接局域网的数据传输线，在局域网中常见的网线主要为双绞线。双绞线采用一对互相绝缘的金属导线互相绞合，用以抵御外界电磁波干扰。

（2）**电视线**（图1-59）。电视线又被称为视频信号传输线，是用于传输视频与音频信号的常用线材，一般为同轴线。

（3）**音箱线**（图1-60）。音箱线又被称为音频线、发烧线，是用来传播声音的电线，由高纯度铜或银作为导体制成，其中铜材为无氧铜或镀锡铜。

（4）**电话线**。即电话的进户线，由铜线芯和护套组成，铜芯的纯度及横截面积决定信号的传输速率；电话线的国际线径标准为0.5mm。

图1-55 选购网线看清标志及线皮上的印字

正品线的塑料皮上印刷的字迹非常清晰、圆滑，印有相关标志，如产品型号、单位名称等，标志最大间隔不超过50mm，印字清晰、间隔匀称的应该为大厂家生产的国标线；假货的字迹一般印刷质量较差。

图1-56 选购优质电视线

选购TV线首先要求是正规厂家生产的产品；其次看线体，铜丝的标准直径为1mm，铜的纯度越高、铜色越亮，越好；屏蔽网要紧密，覆盖完全；绝缘层坚硬光滑，手捏不会发扁；线皮用手撕不动。

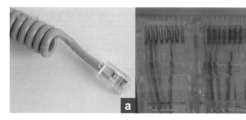

图1-57 选购电话线

电话线常见有二芯、四芯和六芯三种，普通电话线使用二芯，传真机或拨号上网需使用四芯或六芯；辨别芯材可以将线弯折几次，容易折断的，铜的纯度不高，反之则铜含量高。质量好的电话线的外面护套用手撕不动。

图1-58　网线

网线外层会包裹一层绝缘套，传输距离远且传输质量相对比较高，布线也比较方便，抗干扰能力强。

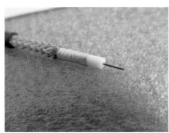

图1-59　电视线

电视线所用的内芯材料不同，外屏蔽层铜芯的绞数不同，最终表现出来的性能也不同。

图1-60　音箱线

音箱线由电线与连接头两部分组成，其中电线一般为双芯屏蔽电线，主要用于连接功放与音箱。

Tips 电路线材辅料

1.PVC穿线管（图1-61）。PVC穿线管是采用聚氯乙烯（PVC）制作的硬质管材，它具有优异的电气绝缘性能且安装方便，适用于各种电线的保护套管，使用率达90%以上。

2.电工胶带（图1-62）。电工胶带具有良好的绝缘、耐燃、耐电压、耐寒等优点，电工胶带价格低廉，宽度一般为15mm，价格为1～2元/卷，少数品牌产品为3～5元/卷，厚度较大。

3.卡钉（图1-63）。卡钉是应用于固定加热管的常用器件，固定管材简单容易，使用安装简便，不需专业技术人员就可施工。由于其较小、重量轻，易于搬运和运输，施工速度也较快。

图1-61　PVC穿线管

电线穿管也称"阻燃管"，可以防止电线的绝缘层受损，阻止火灾蔓延，方便后续线路维护。

图1-62　电工胶带

电工胶带分为普通电压胶带、高压电专用胶带，具有良好的绝缘、耐燃、耐电压等特性，适用于各种电阻零件的绝缘。

图1-63　卡钉

钢钉线卡弹性大、耐冲击，难以破裂，钢钉直接附在线卡上，可大量节省工时，降低施工成本。

3.电路线材对比

电路线材对比见表1-4。

表1-4　电路线材对比

品种	图示	性能特点	用途	价格
单股线	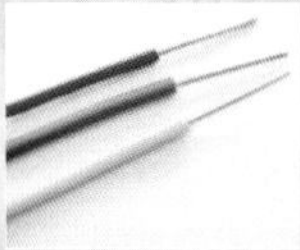	结构简单，色彩丰富，施工成本低，价格低廉	照明、动力电路连接	长100m，截面2.5mm²，200～250元/卷
护套线		结构简单，色彩丰富，使用方便，价格较高	照明、动力电路连接	长100m，截面2.5mm²，450～500元/卷
网线（双绞线）	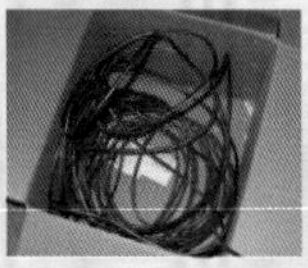	屏蔽双绞线价格相对较高，安装困难；非屏蔽双绞线直径小，节省空间，重量轻、易弯曲、易安装，阻燃性好	传输音频信号、控制信号，还用于供电电源	6类线价格为300～400元/卷
电视线	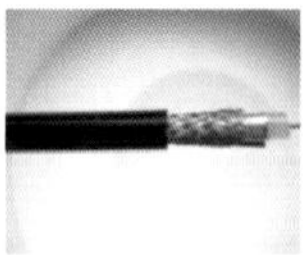	结构复杂，具有屏蔽功能，信号传输无干扰，质量优异，防磁、防干扰信号好	用于传递视频信息	型号SYV75－5（128编）的价格为350～400元/卷，每卷100m
音箱线		结构复杂，具有屏蔽功能，信号传输无干扰，质量优异	音箱信号连接	长100m，200芯，5～8元/m

本章小结

　　无论是墙体砌筑材料，还是水电基础工程和墙面、地面处理材料，它们都是为装饰施工工程服务的，优、缺点都与装饰工程相匹配。了解并熟悉这些材料的基本特性对于装饰工程的实施有很大帮助。

第二章

墙、地面砖

识读难度：★★★★☆

核心要点：墙面砖、铝合金墙板、地面砖、相关辅料配件

分章导读：墙、地面砖是建筑装饰中不可缺少的材料，它们的生产与应用具有悠久的历史，而新兴的铝合金墙板则使得建筑装饰材料更加丰富。在建筑装饰技术与人们生活水平迅速发展的今天，墙、地面砖（图2-1）的生产更加科学化、现代化，其品种、花色也更加多样化，性能也更加优良。

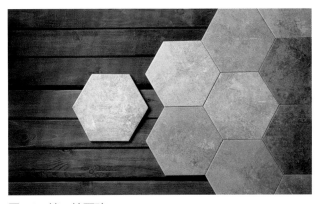

图2-1　墙、地面砖

第一节 | 墙面砖材料

　　本章主要介绍建筑装饰中的外墙面砖（图2-2～图2-4）。外墙面砖产量、用量较大，产地比较分散，分类也比较多样化，具体分类如图2-5所示，本节仅就其中几类外墙面砖进行具体介绍。

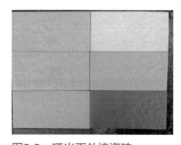

图2-2　哑光面外墙瓷砖

哑光面外墙瓷砖表面采取特殊工艺处理，表面的光泽较之其他砖要暗淡，亮度介于亮光与磨砂面之间。

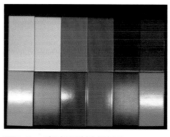

图2-3　亮光面外墙瓷砖

亮光面外墙瓷砖的表面一般采取施釉处理，表面光泽度比较高，色感明亮。

图2-4　平面外墙瓷砖

平面外墙瓷砖的表面平整，而且表面没有任何凹陷或者磨砂效果。

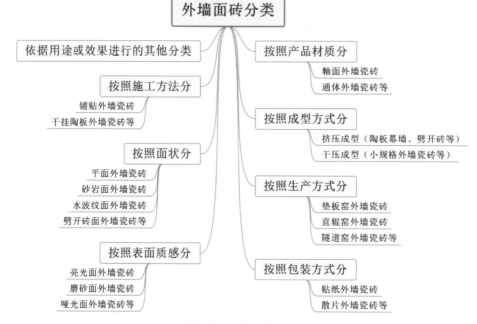

图2-5　外墙面砖分类

一、釉面外墙砖：装饰性好，综合性能强

釉面外墙砖又称为陶瓷砖、瓷片，是建筑装饰外墙面砖的典型代表（图2-6~图2-8）。

1.优点

（1）**吸水率低**。釉面外墙砖主要由胚体和釉面两个部分构成，一般吸水率低至0.5%以下，砖面强度也比较高。

（2）**装饰效果好**。釉面外墙砖的表面质感和通体外墙砖很相似，而且瓷质的釉面外墙砖表面有着不同的面状和花色，装饰效果比较多样化和现代化。

（3）**综合性能强**。釉面外墙砖拥有柔和、时尚的色调，表面纹理比较细密且釉面没有明显的针孔，不藏污、不吸水、不吸污、不渗水。

（4）**防护性好**。釉面外墙砖具有自洁、杀菌以及除臭等良好功能，特别适合粉尘污染大、酸雨浓度高等自然气候条件恶劣的地区，它能很好地确保建筑墙体不受污染，后期维护保养也比较简便。

2.缺点

釉面砖的表层釉面质地比较轻薄，因此一旦表面的釉层被破坏，对于釉面外墙砖的美观性和防污性能将会有很大影响。

3.规格和价格

釉面外墙砖的规格主要为25mm×25mm、23mm×48mm、45mm×45mm、45mm×95mm、45mm×145mm、95mm×95mm、10mm×100mm、45mm×195mm、100mm×200mm、50mm×200mm、60mm×240mm、200mm×400mm等。釉面外墙砖的价格一般在50~300元/㎡之间。

图2-6 优质釉面外墙砖（一）
优质的釉面外墙砖表面细腻、平滑，光泽亮丽，而且用手触摸不会有颗粒感。

图2-7 优质釉面外墙砖（二）
优质的釉面砖花色图案细腻、逼真，而且表面没有明显的缺色、断线以及错位等缺陷。

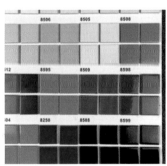
图2-8 鉴别釉面外墙砖
可以将釉面外墙砖小样放置于光线下检查，优质品色差较少，色调基本保持一致。

釉面外墙砖保养

1.在日常使用中,釉面外墙砖要注意清洁保养。对于釉面砖而言,砖面的釉层是非常致密的物质,有色液体或污垢一般不会渗透到砖体中,使用抹布蘸水或加清洁剂擦拭砖面即能清除掉砖面的污垢。

2.如果是凹凸感很强的釉面外墙砖,凹凸缝隙里面容易挤压很多灰尘,可以使用尼龙刷子刷净。

3.釉面砖上沉淀的铁锈污染应使用除锈剂;涂料等污染可以使用牙膏反复摩擦,去污效果不错。

二、通体外墙砖:防滑耐磨,性价比较高

通体外墙砖属于耐磨砖,也可称为无釉砖,可用于外墙面装饰,但使用频次较少。通体外墙砖能够给人一种古香古色、高雅别致、纯朴自然的装饰感。此外,通体外墙砖的表面粗糙,光线照射后会产生漫反射,即使反光,光线也会比较柔和、不刺眼,不会造成光污染(图2-9、图2-10)。

图2-9 通体外墙砖

通体外墙砖是将岩石碎屑经过高压压制而成,表面抛光后坚硬度可与石材相比,吸水率与之相比更低。

1.优点

(1)**经济**。通体外墙砖的性价比较高,价格也比较实惠,可供选择的色彩也较多。

(2)**耐久性能强**。通体外墙砖具有比较好的耐磨性和防滑性能,质量也较轻,运输十分方便。

2.缺点

(1)**难清洗**。普通通体外墙砖的表面粗糙,毛孔多,污染物一旦渗入很难清除。

(2)**花纹较单一**。通体外墙砖的花纹样式较少,不能很好地满足消费者的需求。

图2-10 鉴别通体外墙砖

优质的通体外墙砖四边平齐,与平整面可以完全吻合,4个角均为直角,表面也没有明显的色差。

3.规格

通体外墙砖规格非常多,小规格的有外墙砖,中规格的有广场砖,大规格的有耐磨砖、抛光砖等;常用的主要规格有45mm×45mm×5mm、45mm×95mm×5mm、108mm×108mm×13mm、200mm×200mm×13mm、300mm×300mm×5mm、400mm×400mm×6mm、500mm×500mm×6mm、600mm×600mm×8mm以及800mm×800mm×10mm等。

三、劈开砖：经久耐用，高级且环保

劈开砖，也被称为劈裂砖、劈离砖，按照表面的光滑程度可以分为平面砖和拉毛砖，平面砖表面细腻光滑，拉毛砖表面布满粗颗粒或凹坑。此外，劈开砖广泛用于各类建筑物的外墙装饰，包括车站、楼堂馆所、餐厅、候车室、广场、停车场以及公园等区域（图2-11～图2-13）。

1.优点

（1）**高级感**。劈开砖具有柔和的色泽，表面质感变换多样，砖面色彩丰富，自然柔和。

（2）**环保**。劈开砖主要以页岩为主，产品加工后没有放射性，是目前比较安全、洁净的环保产品。

（3）**耐久性好**。劈开砖具有良好的防火以及阻燃性能，即使是在大风大雨的冲刷下也能保持原有色泽，固色性较好。

（4）**舒适感**。劈开砖独特的孔隙间距使其具备良好的吸排湿性能，不仅有利于保持局部环境的湿润感，同时可以避免水分迅速蒸发而引发的干燥感，能为公众提供更加舒适的建筑空间环境。

2.规格

劈开砖的规格主要有240mm×52mm×11mm、240mm×115mm×11mm、194mm×94mm×11mm、190mm×190mm×13mm、240mm×115mm×13mm、194mm×94mm×13mm等。

图2-11　劈开砖
劈开砖是将一定配比的原料，经粉碎、炼泥、真空挤压成形、干燥、高温烧结而成的新型建筑材料。

图2-12　优质劈开砖
优质的劈开砖强度高、吸水率低、抗冻性强、防潮防腐、耐磨耐压，耐酸碱和防滑性能均十分不错。

图2-13　劈开砖装饰
劈开砖可以提供各种凹凸线条，并且砖面图案可以组成不同的艺术装饰效果，能营造明显的立体感。

Tips　垫板窑外墙瓷砖

垫板窑外墙瓷砖平整度很高，而且吸水率较低，砖体质地比较细密，配合外墙砖勾缝剂时能够很好地为建筑物起到防水作用。此外，垫板窑外墙瓷砖由于制作时加热十分均匀，因此成砖的色泽比较一致，色差值比较小，釉面细腻，无针孔、不藏污、不吸水、不渗水、不吸污。

四、锦砖：吸水性强，自重轻且安全

锦砖又被称为马赛克、纸皮砖，是指在建筑装饰中使用的、可拼成各种装饰图案的片状小砖。传统锦砖一般是指陶瓷锦砖。随着设计风格的多样化，现代锦砖的品种、样式、规格更加丰富（图2-14～图2-16）。

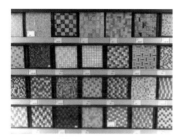

图2-14 锦砖展示

锦砖纹理清晰，花色十分丰富，组合样式也具有多变性，可以很好地装饰空间。

图2-15 锦砖装饰品

锦砖可以自由组合，利用锦砖拼贴的艺术陈列品具有很好的装饰效果，但工艺比较复杂，价格较贵。

图2-16 优质锦砖

优质锦砖颜色分布均匀，无明显色差，而且单片颗粒间规格、大小一致，边沿整齐，背面无太厚乳胶层。

1.优点

（1）**吸水性好**。锦砖以吸水率小，抗冻性能强为特色，尤其是其晶莹、细腻的质感，能提高建筑装饰界面的耐污染能力，并能很好地体现材料的高贵感。

（2）**安全性强**。锦砖砖体薄，自重轻，紧密的缝隙能保证每块材料都牢牢地粘接在砂浆中，因而不易脱落；即使少数砖块掉落下来，也方便修补，不会产生危险，安全性好。

2.分类

（1）**石材锦砖**。石材锦砖是指采用天然花岗岩、大理石加工而成的锦砖，用于生产石材锦砖的原料各异，对原料的体量无特殊要求，一般利用天然石材的多余角料进行生产，节能环保（图2-17）。石材锦砖上的组合体块较小，表面一般被加工成高光、亚光、粗磨等多种质地，多种色彩相互配合，装饰效果特别出众。石材锦砖的各项性能与天然石材相当，具有强度高、耐磨损、不褪色等多种优势。

（2）**陶瓷锦砖**。陶瓷锦砖又称陶瓷什锦砖、纸皮瓷砖、陶瓷马赛克，它是以优质瓷土为原料，按技术要求对瓷土颗粒进行级配，以半干法成型（图2-18）。陶瓷锦砖可拥有多种色彩与斑点，按其表面质地可以分为无釉与施釉两种陶瓷锦砖。陶瓷锦砖是一种良好的墙面装饰材料，它不仅具有质地坚硬、色泽美观、图案多样的优点，而且具有抗腐蚀、防滑、耐火、耐磨、耐冲击、耐污染、自重较轻、吸水率小、永不褪色、价格低廉等优质性能。

（3）**玻璃锦砖。**玻璃锦砖又称玻璃马赛克、玻璃纸皮砖，它是一种小规格彩色饰面玻璃，是具有多种颜色的小块玻璃镶嵌材料（图2-19）。玻璃锦砖的色泽十分绚丽多彩、典雅美观、质地坚硬、性能稳定，同时还具有耐热、耐寒、耐候以及耐酸碱等性能，价格较低，施工方便。

图2-17　石材锦砖

在单片石材锦砖中，往往会搭配多种不同色彩、质地的天然石片，这也使锦砖的铺装效果变得特别丰富。

图2-18　陶瓷锦砖

在生产过程中，一般会向泥料中加入着色剂，最终经过1250℃高温烧制成色彩丰富的陶瓷锦砖。

图2-19　玻璃锦砖

玻璃锦砖较小巧，砖体耐酸碱、耐腐蚀且不易褪色，有很好的装饰效果。

Tips　不同锦砖的规格与价格

1.单片石材锦砖的通用规格为边长300mm，小块边长为10~50mm不等，小块石材的厚度为5~10mm，小块石材之间的间距或疏或密，一般小于3mm，价格为30~40元/片。

2.单片陶瓷锦砖的通用规格为边长300mm，小块边长为10~50mm不等，小块陶瓷的厚度为4~6mm，小块陶瓷之间的间距比较均衡，一般为2mm左右，价格为10~25元/片。

3.单片玻璃锦砖的通用规格为边长000mm，其中小块玻璃规恰不定，边长为10~50mm不等，小块玻璃的厚度为3~5mm，小块玻璃之间的间距比较均衡，一般为3mm左右，价格为25~40元/片。

五、墙面砖对比

墙面砖对比见表2-1。

表2-1 墙面砖对比

品种	图示	性能特点	用途	价格
釉面外墙砖		质地细腻，表面有光泽，综合性能强	外墙装饰	50～300元/m²
通体外墙砖		耐磨性和防滑性都十分不错，色彩丰富	外墙面装饰和地面装饰	50～300元/m²
劈开砖		纹理独特，质感细腻，既环保又高级，艺术装饰效果好，耐久性好	适用于各类建筑物的外墙装饰	50～300元/m²
石材锦砖	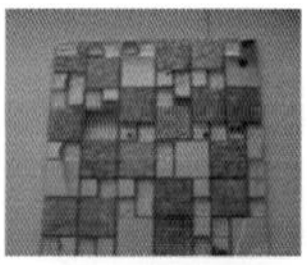	质地浑厚、朴实，穿插其他材质混搭效果丰富，价格较高	装饰墙面局部铺装	300mm×300mm×5mm，30～40元/片
陶瓷锦砖	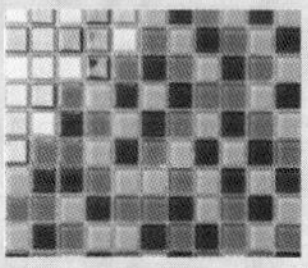	色彩变化丰富，质地平和，价格相对低廉	装饰墙面局部铺装	300mm×300mm×5mm，10～25元/片
玻璃锦砖		晶莹透彻，色彩丰富，装饰效果极佳，价格较高	装饰墙面局部铺装	300mm×300mm×5mm，25～40元/片

第二节 | 地面砖材料

地面砖指贴在建筑物地面的瓷砖，根据不同位置、不同特性要求铺设的地面砖类型也有不同；相同位置也有多种不同特性的地面砖可供选择。

一、抛光砖：表面光洁，不易褪色

1.优点

（1）**无放射元素**。天然石材属于矿物质，未经高温烧结，含有个别微量放射性元素，长期接触会对人体有害；而抛光砖不会对人体造成伤害，安全性能较高。

（2）**无色差**。抛光砖是通体砖坯体的表面经过打磨而成的一种光亮的通体砖，其采用黏土与石材粉末经压制后经过烧制而成，正面与反面色泽一致，不上釉料（图2-20）。

（3）**高强度、防滑**。抛光砖的表面十分光洁，抛光砖在生产过程中由数千吨液压机压制，再经1200℃以上高温烧结，强度高，砖体也很薄，具有很好的防滑功能（图2-21）。

2.抛光砖缺点

抛光砖在生产时会留下凹凸气孔。这些气孔会藏污纳垢，造成表面很容易渗入污染物，甚至将茶水倒在抛光砖上都会渗透至砖体中。

3.抛光砖规格与价格

抛光砖的规格通常为300mm×300mm×6mm、600mm×600mm×8mm、800mm×800mm×10mm等，中档产品的价格为60~100元/m²。

图2-20　抛光砖

抛光砖色泽亮丽，抗弯曲强度大，重量也很轻，坚硬耐磨，抛光砖的色泽以及表面光泽度都很好。优质抛光砖的厚度以及四边尺寸都十分均匀，4个角也为直角，表面花纹、图案也都清晰一致。

图2-21　防污层

优质的抛光砖一般都会在出厂时增加一层非常洁亮的防污层，可以很好地防止污染物渗漏。

Tips　抛光砖的鉴别

1.看产品标识。抛光砖包装上的产品参数以及环保指数等都应清晰标明，字迹不应模糊不清。

2.看尺寸。优质的抛光砖规格偏差小，铺贴后整齐划一，砖缝平直，装饰效果良好。

3.看色泽度和图案。可以查看抛光砖的色泽均匀度和其表面的光洁度，好的抛光砖花纹、图案和色泽都清晰一致，工艺细腻精致，不会出现明显漏色、色差、错位、断线或深浅不一的现象（图2-22）。

4.看硬度。抛光砖以硬度良好、韧性强、不易碎为上品，劣质的抛光砖极易碎裂，使用寿命较短（图2-23）。

5.听声音。好的抛光砖，声音脆响，瓷质含量较高。这类抛光砖也便于施工，安装出来的效果会更加具有装饰性，也更规范（图2-24）。

6.看吸污能力。优质的抛光砖具备很好的吸污能力，表面覆盖有污染物时，很容易就可以擦除干净，而且不会遗留下污渍（图2-25）。

  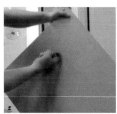 

图2-22 抛光砖色泽 可以从一箱中抽出几片抛光砖，在充足的光线条件下以肉眼查看其有无色差、变形以及缺棱少角等缺陷。

图2-23 轻刮抛光砖 可以用钥匙轻刮抛光砖表面，表面细密且质地较硬，没有划痕的为优质抛光砖。

图2-24 敲击抛光砖 可以左手拇指、食指和中指夹住瓷砖一角，轻松垂下，用右手食指轻击抛光砖中下部，优质品声音清亮。

图2-25 滴墨水 将墨水滴于抛光砖正面，静放1min后用湿布擦拭，砖面光亮如镜，则表示抛光砖易清洁，属于上品。

二、玻化砖：光滑耐磨，花色多样

1.优点

（1）**物理性能稳定**。玻化砖又称为全瓷砖，是通体砖表面经过打磨而成的一种光亮瓷砖，属通体砖中的一种，采用优质高岭土经强化高温烧制而成，质地为多晶材料，具有很高的强度与硬度（图2-26，图2-27）。

（2）**图案、色泽多样化**。不少玻化砖具有天然石材的质感，而且具有高光度、高硬度、高耐磨、吸水率低以及色差少等优点，玻化砖的色彩、图案、光泽等都可以人为控制，自由度比较高。

2.玻化砖规格与价格

玻化砖制品效果分为单一色彩效果、花岗岩外观效果、大理石外观效果以及印花瓷砖效果等。玻化砖尺寸规格一般较大，通常为600mm×600mm×8mm、

800mm×800mm×10mm、1000mm×1000mm×10mm、1200mm×1200mm×12mm，中档产品的价格为80~150元/m²（图2-28，图2-29）。

3.玻化砖保养

玻化砖在施工完毕后，要对砖面进行打蜡处理，3遍打蜡后进行抛光，以后每3个月或半年打蜡1次；否则，酱油、墨水、菜汤、茶水等液态污渍渗入砖面后留在砖体内，形成花砖；同时，砖面的光泽会渐渐失去，最终影响美观。

图2-26　玻化砖展示　图2-27　玻化砖应用　图2-28　玻化砖鉴别（一）　图2-29　玻化砖鉴别（二）

玻化砖表面光洁而又不必抛光，因此不存在抛光气孔的污染问题，耐腐蚀和抗污性都比较好。

玻化砖色彩丰富多彩，铺装于地面上可以起到隔声、隔热的作用，而且质地比大理石轻便。

双手提起相同规格、相同厚度的瓷砖，仔细掂量，手感较重的为玻化砖，手感轻的为抛光砖。

从表面上来看，玻化砖是完全不吸水的，即使洒水至砖体背面也不会有任何水迹扩散的现象。

三、微粉砖：特别耐磨，不易渗污

1.微粉砖种类

（1）普通微粉砖

微粉砖所使用的坯体原料颗粒研磨得非常细小，通过计算机可随机布料制坯，经过高温、高压煅烧，然后经过表面抛光而成，其表面与背面的色泽一致（图2-30，图2-31）。

（2）超微粉砖

超微粉砖的基础材料与微粉砖一样，只是表面材

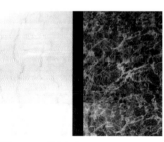 

图2-30　微粉砖

微粉砖的层次和纹理更具通透感和真实感，纹样十分丰富，装饰效果也比较好。

图2-31　微粉砖花色

微粉砖背面的底色和正面的色泽应该一致，正面花色、图案等也不呆板，具有很好的美观性。

料的颗粒单位体积更小，只相当于一般抛光砖原料颗粒的5%左右。超微粉砖的花色图案自然逼真，石材效果强烈，采用超细的原料颗粒，产品光洁耐磨、不易渗污。

超微粉砖中还加入了石英、金刚砂等矿物骨料，所呈现的纹理为随机状，看不出重复效果。在超微粉砖的基础上还开发出了聚晶微粉砖。聚晶微粉砖是在烧制过程中融入了一些晶体熔块或颗粒，是属于超微粉砖的升级产品。这种产品除了具备超微粉砖的特点外，从产品的外观上看产品的立体效果更加突出，更加接近于天然石材。当然，也只是在产品的装饰效果上有所区别，其产品性能与超微粉砖没有太大差距（图2-32～图2-35）。

图2-32 微粉砖鉴别（一）	图2-33 微粉砖鉴别（二）	图2-34 微粉砖鉴别（三）	图2-35 微粉砖鉴别（四）
取微粉砖样品，倾斜一定角度，在其表面倒上少量清水，观察清水是否顺流而下，在微粉砖表面是否有残留。	取微粉砖样品，在其表面采用尖锐的钥匙或金属器具在其表面磨划，优质微粉砖不会产生任何划痕。	取微粉砖样品，使用记号笔或粗水性笔，在微粉砖上随意画写，然后用湿抹布擦除；观察擦除是否容易，擦除后是否留有污渍，没有的为优质品。	取微粉砖样品，用砂纸在其表面摩擦，观察表面是否有磨痕，微粉砖表面色泽有无变化，无任何变化的为优质品。

2.微粉砖规格与价格

微粉砖尺寸规格一般较大，通常为600mm×600mm×8mm、800mm×800mm×10mm、1000mm×1000mm×10mm、1200mm×1200mm×12mm，中档产品的价格为150～200元/m²。

四、地面砖对比

地面砖对比见表2-2。

表2-2 地面砖对比

品种	图示	性能特点	用途	价格
抛光砖		表面光洁，耐磨但容易磨花，不褪色，花色品种不多，不耐污染，价格适中	地面装饰	60～100元/m²
玻化砖		表面光滑，比较耐磨，不易磨花，花色品种多，持久、耐污染，价格适中	地面装饰	80～150元/m²

续表

品种	图示	性能特点	用途	价格
微粉砖		表面特别光滑，特别耐磨，不磨花，花色从丰富，持久、耐污染，价格较高	地面装饰	150~200元/m²

Tips 抛光砖保养方法

1.抛光砖在施工与日常使用中要注意清洁保养，抛光砖在铺好后未使用前，为了避免其他项目施工时损伤砖面，应用编织袋等不易脱色的物品进行保护，把砖面遮盖好。

2.日常清洁地面时，尽量采用干拖，少用湿拖；局部较脏或有污迹时，可用清洁剂，如洗洁精、洗衣粉等或用除污剂进行清洗。

3.清洁时要根据使用情况定期或不定期地涂上地砖蜡，待其干后再抹亮，可保持砖面光亮如新。如果经济条件较好，请采用晶面处理，从而达到商业酒店的效果。

第三节　辅料配件

辅料配件是墙地砖铺装必不可少的材料，即使已经选购了优质的墙、地面砖，也需要各种辅料配件的辅助。墙地面铺装所需的辅料配件主要包括阳角线、填缝剂、美缝剂等。这些辅料配件不仅具有功能性，更具有美观性。

一、阳角线：安全环保，安装方便

阳角线又称阳角线收口条或阳角条，以底板为面，在一侧制成90°扇形弧面，材质主要为PVC、铝合金、不锈钢等（图2-36）。

图2-36　阳角线

阳角线可分为大阳角和小阳角，主要用于10mm厚和8mm厚的瓷砖，瓷砖采用90°凸角的包角处理，具有一定的装饰作用。

1.优点

（1）**省工、省时、省料**。用阳角线时瓷砖或石材不用磨角、倒角，会贴瓷砖和石材的师傅只需有三颗钉便可完成安装。

（2）**美观、亮丽**。阳角线弧面平滑，线条笔直，能有效保证包边贴角平直，使装潢边角更具立体美感，与整体空间也比较搭配。

（3）**色彩丰富**。阳角线拥有多种色彩，既可以同色搭配，做到砖面、边线一致，也可以不同颜色搭配，形成对比。

（4）**安全、环保**。阳角线拥有圆弧，能有效缓和直角，减少碰撞产生的危害，可以很好地保护瓷砖边角；而且它的环保性能也很好，所用各种原料对人体和环境没有不良影响。

2.分类

（1）**PVC系列瓷砖阳角线**（图2-37）。PVC材料的瓷砖阳角线是塑料装饰材料中的一种。PVC是聚氯乙烯材料的简称，在国内市场，这种材质的瓷砖阳角线普及范围大，用量大，消费面广；但热稳定性和抗冲击性、抗腐蚀性、抗氧化性较差，而且无论是硬质还是软质PVC使用过程中因老化都很容易产生脆性。

（2）**铝合金系列瓷砖阳角线**（图2-38）。铝合金系列的瓷砖阳角线是以铝为基础的合金总称。铝合金密度低，但强度比较高，接近或超过优质钢，塑性好，可加工成各种型材。

（3）**不锈钢阳角线**（图2-39）。不锈钢阳角线的应用因其价格高而远远低于前两者。按照外观可以分为开门和封门两种，材质可以按客户需求定制。

图2-37 PVC系列瓷砖阳角线

PVC阳角线价格较便宜，质地较软，受到撞击后容易破裂。

图2-38 铝合金系列瓷砖阳角线

铝合金阳角线具有良好的导热性能和抗腐蚀性能，价格也比较适中，能够满足建筑装饰的基本需求，目前在市场中也比较常见。

图2-39 不锈钢阳角线

不锈钢阳角线具有耐空气、耐蒸汽以及耐水等弱腐蚀介质和酸、碱、盐等较强腐蚀性介质的性能，目前使用频率也较高。

二、填缝剂：耐磨性好，色彩丰富

TAG填缝剂是一种粉末状物质，由多种高分子聚合物与彩色颜料制成，弥补了传统白水泥填缝剂容易发霉的缺陷，使石材、瓷砖的接缝部位光亮如瓷（图2-40～图2-42）。

图2-40 填缝剂

填缝剂黏性强，收缩小，装饰质感好；同时，也具备良好的抗压性能，施工前要将基层处理干净，这样能增强填缝剂的粘接能力。

图2-41 填缝剂鉴别（一）

可以取适量填缝剂，用手搓一下，有点细腻感的属于优质品；劣质品的砂细度会不足，同时也会给人一种粗糙感。

图2-42 填缝剂鉴别（二）

取一杯清水，将填缝剂的粉料倒入水中，看它与水的结合情况，有颗粒浮在水面的属于优质品；劣质品的粉料会直接沉入杯底。

1.优点

（1）**耐磨、不易开裂**。TAG填缝剂凝固后在砖材缝隙上会形成光滑如瓷的洁净面，具有耐磨、防水、防油、不沾脏污等优势，能长期保持清洁，一擦就净；能保证宽度小于3mm的接缝不开裂、不凹陷。

（2）**卫生、易清洁**。TAG填缝剂的硬度、粘接强度、使用寿命等方面都优于传统填缝剂，可彻底解决普遍存在的砖缝脏黑且难清洁的问题，能避免缝隙滋生霉菌，危害人体健康。

（3）**色彩丰富**。TAG填缝剂颜色丰富，自然细腻，具有光泽，不褪色，具有很强的装饰效果，各种颜色能与各种类型的石材、瓷砖相搭配。

2.规格与价格

TAG填缝剂主要用于石材、瓷砖的铺装缝隙填补，是石材、瓷砖胶黏剂的配套材料。TAG填缝剂常用包装为每袋1～10 kg不等，价格为5～10 元/kg。

三、美缝剂：装饰性好，抗渗透性强

美缝剂是填缝剂的升级产品，它的装饰性和实用性明显优于彩色填缝剂。传统美缝剂是涂在填缝剂的表面，新型美缝剂不需要填缝剂作为底层，可以在瓷砖粘接后直接加入瓷砖缝隙中（图2-43～图2-47）。

图2-43　美缝剂效果

美缝剂适合2mm以上的缝隙填充，施工比普通型方便，是填缝剂的升级换代产品；美缝剂色彩丰富，施工后有很好的装饰效果，与瓷砖也很搭配。

 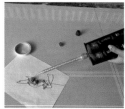  

| 图2-44　美缝剂鉴别（一） | 图2-45　美缝剂鉴别（二） | 图2-46　美缝剂鉴别（三） | 图2-47　美缝剂鉴别（四） |

可以将美缝剂提起来，微微晃动，优质的美缝剂没有声音；有声音则说明包装不足或黏度过低，属于劣质美缝剂。

可以取一瓶美缝剂样品，打出适量胶体，打出来的胶体稠度合适，不容易被擦掉，属于优质品；观察表面色泽，光泽度低的属于劣质品，其不利于保洁和突出美缝剂的装饰效果。

可以取一张废纸或者其他工具，在美缝剂施工后的表膜上随意地擦拭几次，高质量的美缝剂通常具有优异的耐摩擦以及抗划伤性能。

可以在施工后的美缝剂样板上，倒墨水或酱油在缝隙上，停留10～20min，然后用干净的抹布擦净。缝隙无变化的美缝剂具有良好的防水、防污性能。

Tips　美缝剂鉴别

　　1.看包装标志。可以查看美缝剂包装上的标志是否齐全，是否有防伪码。

　　2.看固化时间。固化时间较短的美缝剂，说明化学反应强烈，容易出现有害气体。固化时间较长，说明固化剂质量差，价格比较低廉。一般固化时间可为4～6h；达到中度固化的较好，冬季固化时间需延长。

　　3.看凝固后的遮盖力。好的美缝剂凝固之后基本不会收缩，而且表面光滑平整，整体观感较好。遮盖力不好的美缝剂，凝固之后会出现收缩和空洞掉粉的状况，并且表面会比较粗糙，观感不行。

　　4.看硬度。好的美缝剂固化后硬度基本上可以和瓷砖相媲美，强大的韧性让它能自动适应瓷砖，不用担心长期使用后瓷砖起包、开裂等情况。劣质品在放置一段时间后极易开裂。

1.优点

（1）**新材料**。美缝剂是由新型聚合物和高档颜料组成，是一种半流状液体，它不同于白水泥、彩色填缝剂（干粉类水泥材料加低档颜料），主要由无机材料组成。

（2）**美观**。美缝剂光泽度好，自然细腻，颜色丰富，有金色、银色、珠光色等；而白色、黑色色度明显高于白水泥、彩色填缝剂，可为墙面带来更好的整体效果。因此，装饰性人人强于白水泥、彩色填缝剂。

（3）**抗渗透**。美缝剂凝固后，表面光滑如瓷，可以和瓷砖一起擦洗，具有抗渗透防水的特性，可以基本做到使真正的瓷砖缝隙永不变黑。

2.规格与价格

美缝剂主要用于瓷砖铺装缝隙填补，是瓷砖胶黏剂的配套材料。美缝剂常用包装为瓶装，价格为25～40元/瓶。

四、辅料配件对比

辅料配件对比见表2-3。

表2-3　辅料配件对比

品种	图示	性能特点	用途	价格
阳角线		外表美观、亮丽，色彩比较丰富且省时、省料	瓷砖90°凸角的包角处理	5～30元/根
填缝剂		耐磨、不易开裂，硬度高，装饰质感好，不易滋生细菌	地面铺装缝隙填补	5～10元/kg
美缝剂		具有很强的装饰效果，具备良好的抗渗漏性能	地面铺装缝隙填补	25～40元/瓶

本章小结

装饰墙地面材料品种繁多，主要应注重材料的坚固性与耐用性。市场的同类产品很多，选购时除了要了解这些材料的特性以外，还需了解如何巧妙运用这些材料，以最经济的状态获取最佳的装饰效果。

第三章

成品装饰板材

识读难度：★★★★☆

核心要点：木质板材（图3-1）、石膏板、水泥板、辅料配件

分章导读：不同的建筑构造板材有着不同特性，了解这些建筑构造板材的特性，一方面是为了充分发挥它们的实用价值，另一方面也是为了优化建筑设计方案，完善建筑装饰工程造价。此外，对于建筑构造板材的运输、加工以及保养等也应有粗略的了解。

图3-1　木质板材

第一节 ｜ 木质板材料

木质板材是目前使用比较频繁的材料，工厂将各种质地的原木加工成不同规格的型材，以便于设计、加工、保养等。在正式选购之前一定要对所选的板材有所了解。

一、木芯板：质地轻盈，不易变形

木芯板又被称为细木工板，俗称大芯板，是由两片单板中间胶压拼接木板而成。中间的木板是由优质天然木料经热处理即烘干室烘干之后，加工成一定规格的木条，由机械拼接而成（图3-2，图3-3）。

1.优点

木芯板具有质轻、易加工、握钉力好、不变形等优点。

2.分类

木芯板材料种类有很多，如杨木、桦木、松木、泡桐等，其中以杨木、桦木为最好。木芯板的加工工艺分为机拼与手拼两种。手工拼制是用人工将木条镶入夹板中，木条受到的挤压力较小。拼接不均匀，缝隙大，握钉力差，不能锯切加工，只适宜作为部分建筑装饰的子项目（图3-4～图3-7）。

图3-2　木芯板

木芯板取代了传统建筑装饰中对原木的加工，使建筑装饰工程的工作效率得到大幅度提高。

图3-3　木芯板截面

木芯板截面纹理清晰，可以很清楚地看出其制作工艺，通过截面的平整度和纹理也可以判断出木芯板的优劣。

图3-4　桦木

桦木质地比较密实，木质也不软不硬，握钉力比较强，不容易变形。

图3-5　泡桐木

泡桐木的质地比较软，吸收性强，握钉力差，不易烘干，易干裂和变形。

图3-6　木芯板鉴别（一）

取木芯板样本，观察木芯板周边有无补胶、补腻子的现象。胶水与腻子通常都是用来遮掩残缺部位或虫眼的。

图3-7　木芯板鉴别（二）

仔细查看木芯板表面是否有防伪标签，一般知名品牌会在板材侧面标签上设置防伪查询电话。

3.木芯板规格与价格

木芯板的常见规格为2440mm×1220mm，厚度有15mm与18mm两种。其中，15mm厚的木芯板价格为120元/张左右，18mm厚的板材价格为120～180元/张不等。

二、生态板：表面平滑，防火性好

生态板是将带有不同颜色或纹理的纸放入三聚氰胺树脂胶黏剂中浸泡，干燥到一定固化程度后，再将其铺装在木芯板、指接板、胶合板、刨花板、中密度纤维板等板面，经热压而成的装饰板（图3-8～图3-11）。

1.生态板优点

生态板一般是由数层纸张组合而成，其数量多少可根据用途而定。生态板表面自然形成保护膜，其耐磨、耐划痕、耐酸碱、耐烫、耐污染，表面平滑光洁，易维护和清洗。

2.缺点

由于生态板表面覆有装饰层，在施工中不能采用气排钉、木钉等传统工具、材料进行固定，只能采用卡口件、螺钉作为连接。施工完毕后，还需在板面四周贴上塑料或金属边条，防止板芯中的甲醛向外扩散。

3.规格与价格

生态板的规格为2440mm×1220mm，厚度为15～18mm，其中15mm厚的板材价格为80～120元/张。特殊花色品种的板材价格较高。

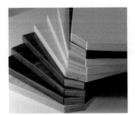

图3-8　生态板
生态板有相当高的环保系数，目前使用频率较高，不同级别的生态板价格有所不同。

图3-9　生态板鉴别（一）
将生态板放置在光线稍暗的地方，倾斜板材以查看板材表面是否平整光滑，有无明显接缝，用手仔细去摸和感受，光滑感越强的，板材材质越好。

图3-10　生态板鉴别（二）
取生态板样品，用鞋油、口红或笔涂在板面上，几分钟后看能否完全擦掉，可以擦掉的为优质品。

图3-11　生态板鉴别（三）
取生态板样品，用强力胶在小块样品上粘住并用力拉，看是否能将装饰纸张拉掉或用手在横切面上用手扣一下，看能否将最上面的装饰纸扣掉。

生态板鉴别

1.看产品侧面是否有品牌标志。正规公司出产的生态板，在板材一侧大多数都有公司名字，或是封边的板材，扣条上也有刻印的品牌字母缩写之类的标志。

2.查看板材是否色彩均匀一致。正规生态板的颜色均匀一致，没有明显色差；不会出现局部有点状、块状、黑点等不和谐颜色现象，也不会有褪色，起皮开胶等缺陷。

3.观察板面。选购生态板时，除了挑选色彩与纹理外，主要观察板面有无污斑、划痕、压痕、孔隙、气泡，尤其是板面有无鼓泡现象、有无局部纸张撕裂或缺损现象等。

4.闻气味。生态板主要可以分为E0级板材、E1级板材，E0级板材甲醛释放量≤0.5 mg/L，E1级板材甲醛释放量≤1.5 mg/L，基本上是闻不到气味的。

5.看是否开裂和鼓泡。生态板材开裂和鼓泡是因胶合强度和基材引起的质量问题。开裂说明基材用胶量少，整体比较干燥。

6.测量板材厚度。可以用卷尺测量一张生态板不同侧边的厚度，或者测量几张板材的厚度。正规的生态板，厚度均匀，板材质量稳定，一般厚度为15～18mm。

三、胶合板：木纹清晰，抗压性好

胶合板又被称为夹板，是将椴木、桦木、榉木、水曲柳、楠木、杨木等原木经蒸煮软化后，沿年轮旋切或刨切成大张单板。这些多层单板通过干燥后纵横交错排列，使相邻两个单板的纤维相互垂直，再经过加热胶压而成的人造板材（图3-12～图3-14）。

胶合板常见的规格为2440mm×1220mm，厚度根据层数增加，一般为3～22mm多种。市场销售价格根据厚度不同而不等，常见9mm厚的胶合板价格为50～80元/张。

图3-12　胶合板

胶合板有正、反两面的区别，一般应选购木纹清晰、正面光洁平滑的板材，要求平整无扎手感，板面不应该存在破损、碰伤、硬伤、疤节、脱胶等疵点。

图3-13　胶合板鉴别（一）

可以取胶合板样品，用手平抚板面，感受表面触感。没有刺感和粗糙感的属于优质胶合板，劣质的胶合板容易开裂，触感不佳。

图3-14　胶合板鉴别（二）

在条件允许的情况下，可以将板材剖切，仔细观察剖切截面。优质胶合板单板之间应均匀叠加，不应该有交错或裂缝以及腐朽、变质等现象。

四、纤维板：质地细腻，承载力强

纤维板是人造木质板材的总称，又被称为密度板，是指采用森林采伐后的剩余木材、竹材和农作物秸秆等为原料，经打碎、纤维分离、干燥后施加胶黏剂，再经过热压后制成的人造木质板材（图3-15～图3-17）。

1.优点

纤维板具有良好的防水性，表面质地细腻，表面色泽和平整度都比较光亮，也比较平整。此外，优质纤维板的横截面中心部位的木屑颗粒长度一般以保持在5～10mm为宜，太长的结构疏松，太短的抗变形力差，会导致静曲强度不达标。

2.规格和价格

纤维板的规格为2440mm×1220mm，厚度为3～25mm不等。常见的15mm厚中等密度覆塑纤维板价格为80～120元/张。

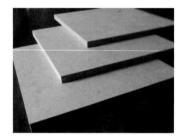

图3-15 纤维板

纤维板表面经过压印、贴塑等处理方式，可以被加工成各种装饰效果，被广泛应用于墙顶面装饰中。

图3-16 优质纤维板

优质板材应该特别平整，厚度、密度应该均匀，边角没有破损，没有分层、鼓包、碳化等现象，无松软部分。

图3-17 纤维板鉴别

可以贴近板材用鼻子嗅闻，因为气味越大则说明甲醛的释放量越高，造成的污染也就越大。

五、刨花板：结构均匀，色彩丰富

刨花板又被称为微粒板、蔗渣板，也有进口高档产品被称为定向刨花板或欧松板，它是由木材或其他木质纤维素材料制成的碎料，施加胶黏剂后在热力和压力作用下经胶合而成的人造板（图3-18，图3-19）。

图3-18 刨花板

刨花板结构比较均匀，加工性能也较好，吸声和隔声性能也很好，可以根据需要进行加工。

图3-19 定向刨花板

定向刨花板强度较高，经常替代胶合板作为结构板材使用，长宽比较大，厚度比一般的刨花板要大。

Tips 刨花板鉴别

1.看边角。优质刨花板的板芯与饰面层的接触应该特别紧密、均匀，不能有任何缺口，可以用手抚摸未饰面刨花板的表面，感觉应该比较平整且无木纤维毛刺。

2.看横截面。从横截面，可以清楚地看到刨花板的内部构造，刨花板的颗粒越大越好。一般颗粒大的刨花板比较牢固，便于施工。

1.适用范围

（1）在现代建筑装饰中，纤维板与刨花板均可取代传统木芯板制作木柜，尤其是带有饰面的板材，不必在表面再涂饰油漆、粘贴壁纸，施工快捷、效率高，外观平整。但是这两种板材对施工工艺的要求很高，要使用高精度切割机进行加工，还需要使用优质的连接件固定并进行无缝封边处理。

（2）刨花板根据表面状况分为未饰面刨花板与饰面刨花板两种。刨花板在裁板时容易造成参差不齐的现象。由于部分工艺对加工设备要求较高，不宜现场制作，故而多在工厂车间加工后运输到施工现场进行组装。

2.规格与价格

刨花板的规格为2440mm×1220mm，厚度为3～75mm不等。常见19mm厚的覆塑刨花板价格为80～120元/张。

六、木质板对比

木质板对比见表3-1。

表3-1　木质板对比

品种	图示	性能特点	用途	价格
木芯板		质地稳定，板材厚实，缝隙密实，价格较高，不易变形，环保质量一般较高	构造主体制作	厚15mm，120元/张；厚18mm，120～180元/张
生态板		表面色泽丰富，具备良好的防火性能和环保性能	构造饰面装饰	15mm厚，80～120/张，特殊花色价格较高
胶合板		层级多，具有韧性，能弯曲，抗压效果好	构造辅助制作	厚9mm，50～80元/张

品种	图示	性能特点	用途	价格
纤维板		质地均衡，纤维密集，变形较小，饰面色彩丰富，承载力较强	构造辅助制作	中密度厚15mm，80～120元/张
刨花板		质地均衡，颗粒较大，不变形，饰面色彩丰富，承载力较弱	构造辅助制作	双面覆塑厚19mm，80～120元/张

Tips 常见木质板材选购误区

1.切边整齐光滑的板材一定很好。这种说法不对，切边是机器锯开时产生的。优质板材一般并不需要再加工，往往有不少毛刺，质量有问题的板材是因其内部是空心，所以厂家会在切边处贴上一层美观的木料并打磨整齐。因此，不能以此为标准衡量孰好孰坏。

2.3A级是最好的。国家标准中根本没有3A级，不过是商家或企业自己标上去的个人行为，其质量不受法律约束。目前市场上已经不允许出现这种字样。根据国家规定，检测合格的木材会标有优等品、一等品及合格品字样。

3.板材越重越好。购买板材一看烘干度，二看拼接，干燥度好的板材相对很轻，而且不会出现裂纹，很平整。最保险的方法就是到可靠的建材市场，购买一些知名品牌的板材。为了防止买到假冒产品，购买时一定要看其是否具有国家权威部门出具的检测报告，一旦出了问题，也有据可查。

第二节 | 石膏板材料

石膏板是以半水石膏与护面纸为主要原料，以特制的板纸为护面，经加工制成的板材。在建筑装饰中，石膏板主要用于吊顶、隔墙等构造制作，多配合木龙骨与轻钢龙骨为骨架，采用直攻螺钉安装固定（图3-20）。

一、纸面石膏板：质地轻薄，防火隔声

纸面石膏板是以石膏料浆为夹芯，两面用纸作为护面而成的一种轻质板材。普通纸面

石膏板用于内墙、隔墙和吊顶。经过防火处理的耐水纸面石膏板可用于湿度较大的房间墙面，如卫生间、厨房、浴室等贴瓷砖、金属板、塑料面砖墙的衬板。

1.优点

（1）**质量轻**。用石膏板作为隔墙，重量仅为同等厚度砖墙的15%左右，有利于结构抗震，并可以有效减少基础及结构主体造价。

（2）**保温**。石膏板板芯60%左右是微小气孔，因空气的热导率很小，因此具有良好的轻质保温性能。

（3）**阻燃**。由于石膏芯本身不燃，遇火时在释放化合水的过程中会吸收大量热量，延迟周围环境温度的升高。因此，石膏板具有良好的阻燃性能。

（4）**透气、防火**。由于石膏板的孔隙率较大，并且孔结构分布适当，所以具有较高的透气性能。采用石膏板作为墙体，墙体厚度最小可达60mm，可以保证墙体的隔声、防火性能。

2.规格和价格

纸面石膏板的长度有1800mm、2100mm、2400mm、3000mm等，宽度为900mm、1200mm，厚度为9.5～25mm不等。常见的9.5mm厚的纸面石膏板价格在20元/张。

图3-20 鉴别纸面石膏板

可在远处光照明亮的条件下观察石膏板表面，平整一致的为优质品；用手触摸石膏板，触感平滑的为优质品。也可随机找几张板材，在端头露出石膏芯与护面纸的地方用手揭护面纸，护面纸出现层间撕开，则为优质品。

二、纤维石膏板：价格较低，抗弯性强

纤维石膏板是以建筑石膏为主要原料，用各种有机纤维或无机纤维（如纸纤维、草木纤维、玻璃纤维等）作为增强材料而制成的轻质薄板。这种板材的抗弯强度高于纸面石膏板，可用于内墙和隔墙；也可代替木材制作家具，其厚度为8～12mm。

除传统的石膏板外，还有新产品不断出现，如石膏吸音板、耐火板、绝热板和石膏复合板等。石膏板的规格也在向高厚度、大尺寸方向发展。

三、石膏空心条板：自重较轻，工艺简单

石膏空心条板是以建筑石膏为主要原料，掺加适量轻质填充料或纤维材料后加工而成的一种空心隔墙板。这种板材不用纸和胶黏剂，安装时不用龙骨，是发展比较快的一种轻质板材。其主要用于内墙和隔墙，厚度为60～100mm。

1.优点

空心石膏条板具有一定刚度，不需骨架就可组成隔墙。石膏板材便于切割加工，但也容易损坏，因此在运输及安装过程中需要专用机具。施工安装时，为保证拼缝不致开裂，

应注意板缝位置的安排，拼缝处应用专用胶结材料妥善处理。

2.规格和价格

石膏空心条板的长度在2400～3000mm之间，宽度为600mm，厚度为90mm、120mm，常见的90mm厚的纸面石膏板价格在19～35元/张（图3-21）。

四、装饰石膏板：图案多样，耐污染

装饰石膏板是以建筑石膏为主要原料，掺加少量纤维材料等制成的有多种图案、花饰的板材，如石膏印花板、穿孔吊顶板、石膏浮雕吊顶板、纸面石膏饰面装饰板等。

1.优点

装饰石膏板是一种新型的室内装饰材料，适用于中高档装饰，具有轻质、防火、防潮、易加工、安装简单等特点。特别是新型树脂仿型饰面防水石膏板板面覆以树脂，饰面仿型花纹，其色调图案逼真，新颖大方，板材强度高，耐污染，易清洗；可用于装饰墙面，作为护墙板及踢脚板等，是代替天然石材和水磨石的理想材料。

2.规格和价格

装饰石膏板的长度在2400～3000mm之间，宽度为600mm，厚度为90mm、120mm，常见90mm厚的纸面石膏板价格在35元/张（图3-22，图3-23）。

图3-21　石膏空心条板

石膏空心条板形状与混凝土空心楼板类似，主要品种可包括石膏珍珠岩空心条板、石膏粉煤灰硅酸盐空心条板和石膏空心条板。

图3-22　石膏印花板

石膏印花板一般以纸面石膏板为基础板材，板两面均有护面纸或保护膜，面层又经印花等工艺而成；这种板材有单色或多色图案，具有独特的装饰效果。

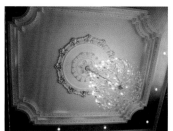

图3-23　石膏浮雕吊顶板

装饰作用强，适用于客厅、卧室、书房的吊顶。

五、石膏板对比

石膏板对比见表3-2。

表3-2　石膏板对比

品种	图示	性能特点	用途	价格
纸面石膏板		质量轻，具有良好的轻质保温性能、阻燃性能	用于内墙、隔墙和吊顶	厚9.5mm，20元/张
纤维石膏板	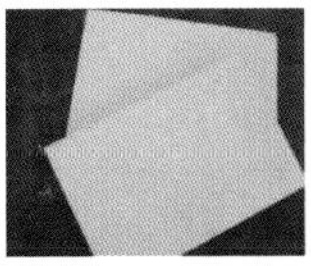	价格较低，抗弯性强	用于内墙和隔墙，可代替木材制作家具	厚15mm，26元/张
石膏空心条板		具有一定刚度，便于切割加工，但容易损坏	主要用于内墙和隔墙	厚90mm，19~35元/张
装饰石膏板	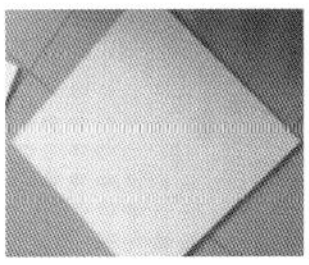	具有轻质、防火、防潮、易加工、安装简单等特点	适用于中高档装饰，可用于装饰墙面，作为护墙板及踢脚板等	厚90mm，35元/张

Tips　石膏板鉴别

　　1.观察侧面。石膏的质地是否密实，有没有空鼓现象决定了石膏板的质量优劣，越密实的石膏板越耐用。

　　2.可以用手敲击。用手敲击石膏板表面，发出很实的声音则说明石膏板严实耐用；如发出很空的声音则说明板内有空鼓现象，而且质地不好；还可以用手掂分量，也可以衡量石膏板的优劣。

第三节 | 水泥板材料

水泥板是以水泥为主要原材料加工生产的一种建筑平板，是一种介于石膏板与石材之间，而且可以自由切割、钻孔、雕刻的建筑产品，但是其价格远低于石材，是目前比较流行的建筑装饰材料。

一、普通水泥板：环保，扩大房屋空间

普通水泥板是普遍使用的产品，主要成分是水泥、粉煤灰、沙子；价格越便宜，水泥用量越低。有些厂家为了降低成本甚至不用水泥，造成板材的硬度降低（图3-24~图3-26）。

图3-24 普通水泥板

普通水泥板的特性优于石膏板、木板和石材，具有一定的防火、防水、防腐、防虫以及隔声等性能。

图3-25 水泥板鉴别（一）

可取水泥板样品，在光线充足的环境下，观察水泥板表面的纹理和平整度，优质的水泥板十分平整。

图3-26 水泥板鉴别（二）

可取水泥板样品，在光线充足的环境下，取适当砂纸轻轻打磨水泥板表面，观察掉粉情况。

1.优点

（1）环保

普通水泥板构成比较天然，颜色清灰，与水泥墙面一致，双面平整光滑，属于环保型绿色板材。

（2）实用性和综合性能强

普通水泥板实用性广、性能优异，耐腐、耐热、防火、防虫，易加工，与石灰、石膏配合性好，具有绿色环保等多种优点。

2.规格和价格

普通水泥板的标准规格是2400mm×1200mm和2440mm×1220mm，厚度为2.5~90mm，其他规格的可以在此基础上进行切割。2440mm×1200mm×15mm的普通水泥板价格约为46元/张。

二、纤维水泥板：防火阻燃，防水防潮

纤维水泥板又被称为纤维增强水泥板，与普通水泥板的主要区别是添加了各种纤维作为增强材料，使水泥板的强度、柔性、抗折性、抗冲击性等大幅提高，添加的纤维主要有矿物纤维、植物纤维、合成纤维等（图3-27）。

1.优点

纤维水泥板热导率低，但具备良好的隔热、保温性能，防火、阻燃，施工也比较简易。

2.规格和价格

纤维水泥板可以营造出独特的现代风格，一般可铺贴在墙面、地面以及建筑物结构表面等区域，同时可以用在卫生间等潮湿环境。纤维水泥板的规格为2440mm×1220mm，厚度为6~30mm；特殊规格的可以预制加工，10mm厚的产品价格为100~200元/张。

三、纤维水泥压力板：高强度，使用寿命长

纤维水泥压力板是在生产过程中由专用压机压制而成，它有更高的密度，防水、防火，隔声性能更高，承载、抗折、抗冲击性更强，其性能的高低除了原材料、配方、工艺以外，主要取决于压机的压力大小（图3-28，图3-29）。

Tips 水泥板不防潮

目前各式各样的水泥板层出不穷，应用广泛，虽然增加了防水剂，具有一定的防水效果，但由于水泥空隙较大，其防潮效果不佳，不适合用于卫生间、厨房的隔墙铺装。

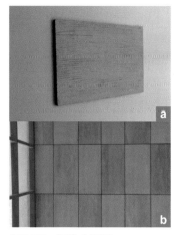

图3-27 纤维水泥板

纤维水泥板一般可应用于大型商场、酒店、宾馆、会馆、市场以及影剧院等公共场所。

图3-28 纤维水泥压力板

纤维水泥压力板的厚度可以做到2.5~100mm，正常生产的纤维水泥压力板的颜色为水泥木色。

图3-29 纤维水泥压力板应用

纤维水泥压力板主要应用于建筑吊顶、间隔墙等部位，也可以用于钢结构外墙和钢结构楼板等部位。

四、水泥板对比

水泥板对比见表3-3。

表3-3 水泥板对比

品种	图示	性能特点	用途	价格
普通水泥板		质地坚硬，色差单一，产品体系丰富，耐磨损，不变形	主题墙、背景墙等重点部位装饰	2440mm×1220mm×15mm的普通水泥板，价格约为46元/张。
纤维水泥板		强度、柔性、抗折性、抗冲击性等大幅提高	应用于大型商场、酒店、会馆、市场以及影剧院等公共场所	2440mm×1220mm×10mm，100～200元/张
纤维水泥压力板		有更高的密度和防水、防火、隔声性，承载、抗折、抗冲击性更强	应用于建筑吊顶、间隔墙、钢结构外墙以及钢结构楼板等部位	2440mm×1220mm×10mm，100～200元/张

第四节 辅料配件

在现代建筑装饰中，各种配件的发展越来越快，品种越来越多，而且在装饰的全过程中都要用到各种配件，对于配件的要求一定不能降低。

一、轻钢龙骨：自重较轻，承载力强

轻钢龙骨是采用冷轧钢板、镀锌钢板或彩色涂层钢板由特制轧机以多道工序轧制而成的一种支撑结构。

1.优点

（1）**承载能力强**。轻钢龙骨的承载能力较强，而且自身重量很轻，以吊顶龙骨为骨架，与9mm厚的纸面石膏板组成的吊顶质量约为8 kg/m^2。

（2）**实用性强**。轻钢龙骨具有强度高、耐火性好、安装简易、实用性强等优点，它可以安装各种面板，配以不同材质、不同花色的罩面板，如石膏板、吊顶扣板等。一般可用于主体隔墙与大型吊顶的龙骨支架。

（3）**多样性**。轻钢龙骨主要用于隔墙以及吊顶装饰，可按设计需要灵活选用饰面材

料，装配化的施工能够改善施工条件，降低劳动强度，加快施工进度，并且具有良好的防锈、防火性能，经试验均达到设计标准。

2.分类

轻钢龙骨按照材质分，有镀锌钢板龙骨与冷轧卷带龙骨；按龙骨断面分，有U形龙骨、C形龙骨、T形龙骨及L形龙骨。U形与C形轻钢龙骨用于吊顶、隔断龙骨，T形轻钢龙骨只作为吊顶，其中大多为U形龙骨与C形龙骨（图3-30～图3-33）。

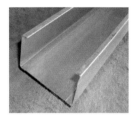   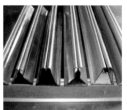

图3-30 U形龙骨	图3-31 C形龙骨	图3-32 T形龙骨	图3-33 T形插接龙骨
U形龙骨是一种吊顶材料，按用途分为大龙骨、中龙骨、小龙骨，按承重量分为轻型、中型和重型龙骨。	由于龙骨的截面形似字母C，因而被称为C形龙骨，目前在建筑装饰中使用频率也较高。	T形龙骨的特点是体轻，龙骨包括零配件和自身重量，总质量为$1.5kg/m^2$。	T形龙骨的造型根据吊顶板材来进行定制，主要有扣接龙骨与插接龙骨两种，适用于不同吊顶板材。

（1）U形龙骨。U形轻钢龙骨通常由主龙骨、中龙骨、横撑龙骨、吊挂件、接插件与挂插件等组成。应根据主龙骨的断面尺寸大小，即根据龙骨的负载能力及其适应的吊点距离的不同进行分类。通常将吊顶U形轻钢龙骨分为38、50、60等系列，隔墙U形轻钢龙骨主要分为50、70、100等系列。

（2）C形龙骨。C形龙骨主要配合U形龙骨，作为覆面龙骨使用。C形龙骨的凸出端头没有U形龙骨的转角收口，因此承载强度较低。但是，价格较便宜，而且用量较大，具体规格与U形龙骨配套。

（3）T形龙骨。T形龙骨又被称为三角龙骨，只可作为吊顶专用。过去绝大多数T形龙骨是用铝合金材料制作的，近几年又出现烤漆龙骨与不锈钢龙骨等。

3.轻钢龙骨规格与价格

隔墙龙骨配件按其主件规格分为Q50mm、Q75mm、Q100mm三个系列，吊顶龙骨按承载龙骨的规格分为D38mm、D45mm、D50mm、D60mm四个系列。价格可根据具体型号来定，一般为5～10元/m。

Tips **木龙骨选购**

1.看所选木龙骨的木方横切面的规格是否符合要求，头尾是否光滑均匀，不能大小不一。

2.要选择密度大、沉的木龙骨，可以用手指甲抠抠看，好的木龙骨不会有明显的痕迹。

3.干燥、湿度大的木龙骨，非常容易变形和开裂。

4.商家经常说是80mm见方的龙骨其实只有60mm见方，所以应测量木龙骨的厚度，看是否达到要求。

5.把木龙骨放到平面上挑选无弯曲平直的，应选择木疤节较少、较小的木龙骨。

二、木龙骨：容易造型，施工方便

木龙骨是建筑装饰中比较常用的骨架材料，主要由松木、椴木、杉木等木材加工成截面为长方形或正方形的木条（图3-34～图3-36）。

图3-34　木龙骨	图3-35　无弯曲木龙骨	图3-36　木疤节较小木龙骨
木龙骨有多种型号，主要用于撑起外面的装饰板，起支架作用，实用性比较好。	无弯曲的木龙骨一般使用寿命会更长，稳定性也会更强，更适合作为建筑装饰材料。	木疤节大且多的木龙骨一般不适合选用。这类木龙骨螺钉、钉子会拧不进去，容易导致结构不牢固。

1.特性

木龙骨握钉力强，容易造型，价格比较实惠，施工比较方便，而且新鲜的木龙骨一般会带有红色，表面纹理也比较清晰。

2.分类

木龙骨主要可以分为吊顶龙骨、竖墙龙骨、铺地龙骨以及悬挂龙骨等。

三、隔音棉：质地柔软，隔声性好

隔音棉是一种常见的建筑隔声材料，具有良好的吸声特性，可以做成墙板、天花板等（图3-37）。

1.特性

隔音棉具备比较好的隔声效果，同时吸声系数比较高，比较轻便，运输方便，施工周期比较短，价格也比较实惠。此外，隔音棉的防水性能和隔热、保温性能也比较不错，广泛应用于建筑装饰和其他工业领域中。

2.分类

（1）玻璃纤维隔音棉。 玻璃隔音棉分为棉卷和棉板，棉卷的重量较小，价格一般在几块钱到十块钱之间，棉板可以定制，每平方米价格一般在15～20元/ m^2 之间（图3-38）。

（2）聚酯纤维隔音棉。 聚酯纤维隔音棉的价格比普通纤维隔音棉要贵一些，主要因为聚酯纤维是新型的环保材料，质地柔软（图3-39）。

图3-37 隔音棉

隔音棉能够有效减少噪声，与人体皮肤直接接触后，也不会产生有害作用，无毒、无害、无污染。

图3-38 玻璃纤维隔音棉

玻璃纤维隔音棉具有良好的吸声、防火、保温以及隔热等优点，但纤维碎屑容易脱落。

图3-39 聚酯纤维隔音棉

聚酯纤维隔音棉易加工，具备良好的装饰性、阻燃性、坏保性、稳定性和抗冲击性等。

四、泡沫填充剂：密封性好，粘接力强

泡沫填充剂又称为发泡剂、发泡胶、PU填缝剂，是采用气雾技术与聚氨酯泡沫技术相结合的产品。当物料从气雾罐中喷出时，沫状的聚氨酯物料会迅速膨胀并与空气或接触到的基体中的水分发生固化反应，从而形成泡沫（图3-40，图3-41）。

图3-40 泡沫填充剂

泡沫填充剂是一种将聚氨酯预聚体、发泡剂等物料装填于耐压气雾罐中的特殊材料。

图3-41 泡沫填充剂出胶

发泡胶出胶时，打出的泡沫，不能太稀也不能太稠，太稀的发泡会塌陷，太稠的泡沫会发干，比较容易收缩。

1.泡沫填充剂优点

（1）泡沫填充剂固化后的泡沫具有填缝、粘接、密封、隔热、吸声等多种效果，是一种环保节能、使用方便的建筑装饰填充材料。

（2）泡沫填充剂适用于密封堵漏、填空补缝、固定粘接、保温隔声，尤其适用于成品门窗与墙体之间的密封堵漏及防水。

（3）泡沫填充剂具有施工方便和快捷、现场损耗小、使用安全、性能稳定、阻燃性好等优势，可粘接在混凝土涂层、墙体、木材及塑料等表面。

2.泡沫填充剂规格与价格

泡沫填充剂常用包装为每罐500mL、750mL，其中750mL包装的产品价格为15～25元/罐。

Tips 泡沫填充剂鉴别

1.从出胶后颜色上判断。优质的发泡胶打出来后是乳白色的，颜色黑灰或者特别黄都不太好，颜色过黄的说明是用质量较次的原材料制成的成品。

2.看发泡。好的泡沫发泡饱满浑圆，差的泡沫发泡小，并且呈现坍塌；可以切开泡沫，如果泡孔均匀且细密则为优良泡沫，如果泡孔大且密度不好则为劣质品。

3.看泡沫表面。好的泡沫填缝剂打出的泡沫表面呈沟壑状，光滑但光泽不是很亮；劣质的泡沫表面平整，有褶皱。

4.看粘接性。好的泡沫粘接力强，差的则粘接力差；粘接强度低会造成建筑表面与铝合金或门套粘接不牢固甚至挂不住等。

5.看成胶后的稳定性。可以用手挤压发泡胶块，好胶的尺寸稳定性好，而且完全固化后会有弹性，太软或太硬的都不好。

五、白乳胶：成膜性好，固化速度快

白乳胶是用途最广、用量最大、历史最悠久的水溶性胶黏剂之一，其成膜性好、粘接强度高，还具有固化速度快、耐稀酸和稀碱性好、使用方便、价格便宜、不含有机溶剂等特点（图3-42～图3-44）。

白乳胶对木材、纸张、棉布、皮革、陶瓷等有很强的粘接力，且初始黏度较高，固化后的胶膜有一定的韧性，耐稀碱和稀酸，而且耐油性也很好。此外，白乳胶使用起来比较方便，以水为分散介质，不燃烧，不含有毒气体，不污染环境；可在室温固化，而且固化速度快，胶膜透明，不污染被粘物并且便于加工。

图3-42　白乳胶

白乳胶广泛应用于木材、家具、建筑装饰、印刷、纺织、皮革以及造纸等行业。

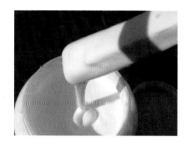

图3-43　白乳胶搅拌

搅拌白乳胶时要沿着顺时针方向搅拌，以使白乳胶可以搅拌均匀。

图3-44　白乳胶鉴别

取两件样品，涂刷白乳胶，将其沿粘接界面撕开；若发现撕开后被粘材料遭到破坏，则证明粘接强度足够。

Tips　相关辅料补充

1.龙骨。U形轻钢龙骨直接被垂直钢筋吊挂，钢筋规格一般为6mm、8mm、10mm，钢筋与U形轻钢龙骨之间采用配套连接件固定。

2.泡沫填充剂。泡沫填充剂未固化的泡沫对皮肤与衣物有黏性，使用时不能触及皮肤或衣物。泡沫填充剂贮存和运输过程中温度应小于50℃而且应远离明火，以防发生罐体爆炸。

3.白乳胶。白乳胶乳液稳定性好，贮存期可达半年以上。因此，可广泛用于印刷品的装订和家具制造，用于纸张、木材、布、皮革、陶瓷等的粘接。

4.地板钉。在木地板的企口侧部钻孔，钻头规格为28mm，深度应嵌入木龙骨内10mm左右。地板钉的钉入数量与间距要根据地板的长度进行控制，一般长度方向应间隔600mm钉1个，固定1块地板后间隔1～2块地板再进行固定。

六、钉子：种类繁多，强度较高

钉子本属于五金配件，但是在现代建筑装饰中，钉子的品种越来越多，已经超越了传统木工的使用范围，下面介绍常用的几种钉子。

1.圆钉

圆钉又被称为铁钉、木工钉，是最传统的钉子，其以铁为主要原料，一端呈扁平状，另一端呈尖锐状，为细棍形物件。圆钉一般以热轧低碳盘条冷拔成的钢丝为原料，经制钉机加工而成，主要起到固定或连接木质装饰构造的作用，也可以用来悬挂物品（图3-45）。

图3-45　圆钉

圆钉可分为环纹圆钉、镀锌圆钉以及镀铜圆钉等，其中环纹圆钉应用功能比较广泛。

圆钉形态多样，要根据实际需要进行选择。圆钉的规格一般用长度与钉杆直径进行表示，主要长度为10～200mm，规格型号为10#～200#，直径为ø0.9～ø6.5mm。以钉长确定规格型号，如50#圆钉，其钉长为50mm，主要可用于基础工程中的木质脚手架、木梯与设备的临时安装与固定。

2.水泥钉

水泥钉又被称为钢钉，是采用碳素钢生产的钉子。水泥钉的质地比较硬，粗而短，穿凿能力很强。当遇到普通圆钉难以钉入的界面时，选用水泥钉可以轻松钉入（图3-46）。

水泥钉一般用于砖砌隔墙、硬质木料、石膏板等界面的安装，但是对于混凝土的穿透力不太大。常规水泥钉直径为ø1.8～ø4.6mm，长度为20～125mm不等，价格要比圆钉高1.5～2倍。

3.射钉

射钉又被称为专用水泥钢钉，主要采用高强度钢材制作，比圆钉、水泥钉更为坚硬，可以钉入实心砖墙或混凝土构造上（图3-47，图3-48）。

射钉主要用于固定承重较大的装饰结构。射钉的规格全部统一，钉杆为3.5mm，长度规格为PS27、PS32、PS37、PS42、PS52等。以PS37射钉为例，长度为37mm，价格为5～6元/盒，每盒100枚。

图3-46 水泥钉

水泥钉的钉杆有滑竿、直纹、斜纹、螺旋以及竹节等多种，一般常见的是直纹或滑竿。

图3-47 射钉

射钉通常由一颗钉子加齿圈或塑料定位卡圈构成，使用频率比较高。

图3-48 射钉枪

射钉一般会采用火药射钉枪发射，射程远，威力大，使用时要注意安全。

4.地板钉

地板钉又被称为麻花钉，是在常规圆钉的基础上，将钉子的杆身加工成较圆滑的螺旋状，使钉子钉入时具有较强的摩擦力（图3-49）。

地板钉的规格为ø2.1～ø4.1mm，长度为38～100mm不等。其中，长度为38mm与50mm的地板钉最常用，适用于不同规格的地板、木龙骨或安装构造。地板钉的价格与普通圆钉相当，不锈钢产品的价格要贵1倍左右。

5.气排钉

气排钉（图3-50）又被称为气枪钉，材质与普通圆钉相同，是建筑装饰气钉枪的专用材料。根据使用部位可分为多种形态，如平钉、T形钉、马口钉等。

气排钉常用长度的规格为10～50mm不等，产品包装以盒为单位，标准包装每盒5000枚；价格根据长度规格而不等，常用的25mm气排钉的价格为6～8元/盒。另外，还有高档不锈钢产品，其价格仍要贵1倍以上。

6.铆钉

铆钉是一种金属辅材，杆状的一端有帽，当穿入被连接构件后，在钉杆的外端打、压出另一头，将构件压紧、固定。

铆钉种类很多，而且不拘形式。常用的铆钉有半圆头、平头、沉头、抽芯、空心等形式。平头、沉头铆钉用于一般载荷的铆接构造。抽芯铆钉是专门用于单面铆接用的铆钉，但应使用拉铆枪进行铆接。空心铆钉重量轻，一般连接厚度小于8mm的构件用冷铆，厚度大于8mm的构件用热铆，铆接时使用铆钉器将细杆打入粗杆即可（图3-51）。

铆钉主要用于金属构件安装和钢结构楼板、楼梯固定。虽然其应用不多，但是铆钉的连接力度特别大，而且铆钉的成本低，施工效率高，非一般钉子、螺丝可比。

铆钉的长度规格主要为10～100mm，ø3～ø10mm，其中长度每5～10mm为一个单位型号，价格根据材质确定。常用的铝质铆钉直径为ø4mm，长12mm，价格为5～6元/盒，每盒50枚。

7.泡钉

泡钉又被称为扣板图钉、底钉，质地与圆钉相同，既可以用于加固，也可以起到装饰作用。随着需求的发展，颜色也变得丰富而多样化，主要靠电镀得到不同的色彩效果，但电镀更重要的作用是防锈（图3-52）。

泡钉的规格很多，钉帽长度为3～50mm，特殊规格的泡钉可以定制加工。以固定塑料扣板的泡钉为例，钉身长度为14mm，钉帽为6mm或8mm，价格为3～5元/盒，每盒约300枚。

图3-49　地板钉

地板钉专用于各种实木地板、竹地板安装，对于需要架设木龙骨安装的复合木地板也可以采用，镀锌地板钉防锈性能较好。

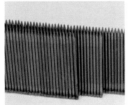

图3-50　气排钉

气排钉之间要使用胶水粘接，钉子纤细，截面呈方形，末端平整，头端锥尖，一般需配合专用气钉枪使用，主要通过空气压缩机加大气压以推动气钉枪发射气排钉，隔空射程可达20m以上。

图3-51　铆钉

铆钉可以利用自身形变的特性来连接各种构件，一般采用不锈钢、铜、铝等各种合金金属制作而成，使用铆钉器可以方便地将铆钉钉入所需材料内，能够加快施工进度，钉入程度也比较好控制。

图3-52　泡钉

普通泡钉的钉身比普通图钉长，钉头比图钉凸出，表面通过镀锌或铜来改变色彩。此外，装饰泡钉多会采用仿古设计，钉头上有压花造型，具有怀旧风格。

Tips **各类钉子鉴别**

1.地板钉鉴别。主要观察地板钉的包装是否做过防锈处理，优质产品的包装纸盒内侧应该覆有一层塑料薄膜，或在内部采用塑料袋套装；并观察多枚地板钉的钉尖形态是否一致，还可以用铁锤敲击，检查地板钉是否容易变形或弯曲；也可以打开包装，地板钉表面应该略有油脂用于防锈，色泽应该比较透亮，捏在手中不会有红色或褐色油迹。

2.气排钉鉴别。注意查看气排钉表面金属光泽是否亮丽，是否有脱色现象。

3.铆钉鉴别。检查铆体直径、铆体杆长、铆体帽厚以及铆帽直径的尺寸是否符合标准；检验铆钉的拉铆力是否充足，钉芯防脱力如何等。

4.泡钉鉴别。注意观察泡钉表面的电镀效果，可以采用360$^\#$砂纸打磨，如果轻易露出底色，容易褪色或生锈，则说明质量不高。此外，钉帽厚度与钉身的偏差也很关键，可以随意选几枚泡钉仔细比较，优质产品的钉身应该正好焊接在钉帽中央，无任何细微偏差。

七、构造板材辅料配件对比

构造板材辅料配件对比见表3-4。

表3-4　构造板材辅料配件对比

品种	图示	性能特点	用途	价格
U形轻钢龙骨		规格较大，强度较高	吊顶、隔墙构造，主要承载龙骨	Q75mm系列，8~10元/m
C形轻钢龙骨		规格适中，强度适中	吊顶、隔墙构造，作为辅助龙骨或覆面龙骨	Q50mm系列，5~8元/m
T形轻钢龙骨		规格较小，强度适中	成品金属扣板安装龙骨	32mm，5~6元/m
隔音棉		质地轻盈、柔软，空隙较大，保温和隔热以及隔声效果都不错	隔墙中空填充	厚50mm，15~20元/m^2

续表

品种	图示	性能特点	用途	价格
泡沫填充剂		粘接力强、隔声、隔热、密封性很强，而且很环保	成品门窗与墙体之间的密封堵漏及防水	750mL，15~25元/罐
白乳胶	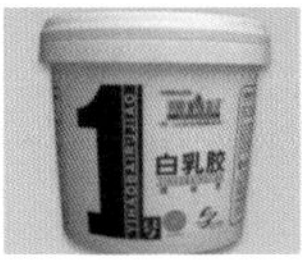	粘接力强、成膜性好、固化速度快、价格便宜	木材、纸张、陶瓷、皮革等的粘接	18元/kg
圆钉		形体完整端庄，与木材结合度好，但强度一般，而且易生锈	木质板材钉接安装	50mm，3~5元/盒
水泥钉		形体粗壮，较重，强度比较高，不弯曲	砖砌墙体钉接安装	50mm，5~8元/盒
射钉		形体粗壮，较重，强度高，不弯曲，中段带有红色塑料套	砖砌墙体、混凝土构造钉接安装	37mm，5~6元/盒
地板钉		形体完整端庄，与木材接合度较好，强度一般，中间有螺旋状凹槽	各种地板辅助固定安装	38mm，3~5元/盒
气排钉		价格低廉，结构紧凑，与木材结合度较好，强度较弱	木质饰面板材钉接和木构造辅助快速安装	25mm，6~8元/盒
铆钉	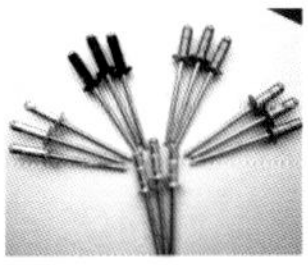	形态多样，较硬，表面平整，光洁度高	型钢、铝合金等薄金属构造连接安装	12mm，ϕ4mm，5~6元/盒
泡钉		价格低廉，品种繁多，与木材接合度较好，强度一般	塑料扣板连接安装，软包安装	14mm，ϕ8mm，3~5元/盒

本章小结

　　成品装饰板材一般会用于吊顶、隔墙、家具等构造，具体选购要结合空间实际情况进行选择。此外，板材设计构造应由专业设计师绘出专业图纸，确保在装饰工程施工时精准计算材料用量，完工后的构造应达到美观舒适的效果。

第四章

地板

识读难度：★★★★★

核心要点：实木地板、复合地板、辅料配件

分章导读：人类逐渐发现在众多的材料中，由于木材的导热性较适合人体体温，并且方便开采、加工，于是以木材为主的地面铺设材料诞生了。地面铺设材料（图4-1）主要以木材为主，涵盖的成熟产品很多，各种类型地板的性能还需要得到进一步认识。

图4-1　铺装地板

第一节 | 实木地板材料

实木地板是由木材拼接加工而成的，脚感比较好，色调自然、木纹清晰，而且实木地板对树种要求较高，档次可由树种来定。地板用材一般以阔叶材为多，档次较高；针叶材较少，档次较低（图4-2，图4-3）。

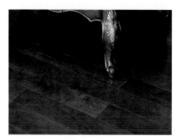

图4-2 实木地板铺设
实木地板是采用天然木材，经过加工处理后制成条板或块状的地面铺设材料。

图4-3 实木地板展示
商场内展示的实木地板都会标明产品的型号、规格、价格以及商家等。

一、松木地板：原木纹路，环保美观

松木地板主要材料来源于森林覆盖率高的针叶林种，具有先天的价格优势，因加工不同，松木地板的分类也有所不同（图4-4，图4-5）。

1.优点

（1）**环保美观**。松木地板相对其他地板来说更环保时尚，尤其是日前很多经过涂料喷涂过的地板含甲醛量大大低于其他地板。

（2）**设计简约时尚**。松木具有清晰简单的原木纹路，原木的色调让人赏心悦目，质感突出，这也是很多田园风格爱好者选择的原因之一。

（3）**导热性好，保养简单**。平时经常用软布顺着木纹的纹理为地板去尘即可。

（4）**易于运输**。采用可拆装结构的松木地板，在运输的过程中极为方便。

2.缺点

（1）**不耐晒，受日照易变色**。由于松木本身的特性，含水量高，质地软，所以没有其他实木牢固，比较容易出现开裂和变形。不经过油漆加工的松木自然朴素、清新亮丽，但强烈日照后容易变色，影响整体美观性（图4-6）。

（2）**喷漆后易变色**。为了迎合现代建筑的装饰特点，不少厂家在松木地板的基础上进行喷涂等加工，通过这样的方式掩盖了松木本身的一些缺点，但也失去了松木地板自然的美感。

（3）**有异味**。当松木的松油脱油不完全的时候会导致制成的松木地板有异味。

（4）**不防潮，受潮易变色**。松木地板在潮湿的天气容易出现变色的状态，而且易受潮（图4-7）。

图4-4　松木地板

没有经过涂料喷涂的松木地板，会保留原来的特点，拥有自然的纹路且无污染。

图4-5　松木地板铺贴

松木地板弹性和透气性强，铺贴后脚感好，即使涂了涂料，甲醛的含量也会大大低于其他地板。

图4-6　松木地板变色

松木地板经过暴晒后会出现变色的现象，使用寿命会大幅度降低，也会影响其天然的美观。

图4-7　松木地板受潮

南方梅雨天气较多，松木地板受天气影响，易受潮，受潮后的地板容易滋生细菌，既不美观，对人体也有害。

> **Tips**　松木地板鉴别
>
> 　　优质的松木地板有着金色的光泽，而且整体比较通透，在视觉上能给人一种舒适感；纹理直，径面略具交错纹理，结构均匀，重量及强度中等；表面涂料粘接性好，没有异味，不易翘裂，耐腐及抗虫性能都比较强。

二、橡木地板：纹理丰富，脚感舒适

　　橡木，又称柞木、栎木，属于同一树种。橡木地板是橡木经刨切加工后做成的实木地板或者实木多层地板。橡木是很受人喜欢的树种，木材重而硬，强度及韧性高，稳定性佳且花色品种多，纹理丰富美丽，花纹自然；冬暖夏凉，脚感舒适（图4-8，图4-9）。

图4-8　橡木地板纹理

橡木地板纹理交错，结构中等，纹理丰富美丽，花纹也比较自然；制作成地板后装饰性强，可搭配各种风格的建筑装饰工程。

图4-9　橡木地板铺贴

橡木地板铺设时可以加铺优质的木芯板，这样可以增强脚感，橡木地板的寿命也会延长。

Tips 橡木地板鉴别

　　1.对于优质的实木地板和实木复合地板产品，厂家一般会拥有专业的铺装团队或者专业的铺装指南以保证售出的产品铺装服务满足要求。

　　2.橡木地板是天然的木制品。树木由于种植地点不同、阳光照射量不同等因素，木材的颜色也大不相同，就算是同一木材剖锯下来的板材，根据其位置的不同，颜色深浅程度不同，纹理也不会保持一致。

三、柚木地板：稳定性好，极度耐磨

　　柚木被誉为"万木之王"，是世界公认最好的地板木材之一。全世界柚木以缅甸柚木为上品，柚木是唯一可经历海水浸蚀和阳光暴晒却不会发生弯曲和开裂的木材（图4-10，图4-11）。其优点如下。

　　（1）柚木地板富含铁质和油质，能驱蛇、虫、鼠、蚁。

　　（2）柚木地板稳定性好，经专业干燥处理后，尺寸稳定，是所有木材中干缩湿胀变形最小的一种。

　　（3）柚木地板极耐磨，而且具有防潮、防腐、防虫蛀、防酸碱的鲜明特点。

　　（4）柚木地板还拥有高贵的色泽，而且极富装饰效果。

　　（5）柚木地板弹性也比较好，脚感舒适，是实木地板中的极品。

　　（6）柚木地板带有特有的醇香，对人的神经系统能起到镇静作用。

图4-10　柚木地板
柚木地板有着亮丽的色泽，同时具备良好的装饰效果，脚感也十分舒适。

图4-11　柚木平口无缝地板
柚木地板的纹理和色彩都十分丰富，材料自带天然感，适用于各类空间中。

Tips 柚木地板鉴别（图4-12~图4-15）

1.掂重量。真柚木地板密度为0.67~0.73g/cm^3，比花梨木轻，但比铁杉重，而假柚木地板则普遍偏重。

2.看锯木。真柚木地板的锯末有很重的油质，用手捏时有软乎乎的感觉，而假柚木地板的锯末则干燥松散。

3.水浸泡。将地板放入水中浸泡24h后观察其变化，无任何变化的则为真柚木地板；若发生扭曲、膨胀等变形现象则为假柚木地板。

4.火燃烧。这是带破坏性的试验，一般店面都有柚木地板的小样，取一小块干燥的地板进行燃烧，真柚木地板散发的烟雾浓且大，而假柚木地板则烟雾不太浓且为少量。

图4-12　柚木地板鉴别（一）

可以取小件柚木地板样品，在光线充足的情况下观察表面纹理，看纹理印记是否清晰，色泽是否亮丽等。

图4-13　柚木地板鉴别（二）

取柚木地板样品，用手触摸其表面，感受表面光滑度，注意慢慢触摸，以免手被划伤，手感细腻为优质品。

图4-14　柚木地板鉴别（三）

取少量柚木地板，闻表面气味，此香味闻到十分舒服；假柚木地板要么无香味，要么有难闻的气味。

图4-15　柚木地板鉴别（四）

滴一滴水在柚木地板的无漆处，真柚木地板上的水呈珠状分布且不会渗入，而假柚木地板上的水则会渗入。

四、蚁木地板：极耐腐蚀，抗虫危害

蚁木地板光泽度好，无特殊气味。蚁木地板商品约有30种，主要分为重蚁木、红蚁木和白蚁木3类。蚁木地板材质硬，耐磨、抗压抗弯强度高，材色悦目、纹理诱人，适宜制作普通、拼花和承重地板及细木工制品、枕木（图4-16～图4-18）。

图4-16　蚁木地板（一）
蚁木地板纹理通常不规则，结构由细至略粗，略均匀，有油性感。

图4-17　蚁木地板（二）
蚁木地板稳定性良好，木材较重且材料比较耐磨，抗压强度高，承重性较好。

图4-18　蚁木单板
蚁木单板同样拥有良好的承重性能，纹理也都比较丰富，很适宜制作装饰单板。

1.优点

（1）耐腐蚀甚至能抗白蚁及蠹虫危害，不抗海生钻木动物危害；防腐剂浸注困难，适合采用真空加压法或浸渍法。

（2）旋切性能好，刨面平滑，用腻子或其他填充剂后，涂饰性良好。

（3）抛光和胶黏性好。由于木材在使用中受大气湿度的影响一次比一次减小，特别是胀缩率小的蚁木地板，在铺装时宜紧拼，否则板间会有观感不良的缝隙。

2.缺点

（1）**易干燥**。蚁木地板铺装速度快时，会有开裂和变形的状况，加工困难，因木材重、硬，锯刨刃口易钝，宜用合金钢锯片。纵锯时如材料过厚，锯条发热；横锯时震动很大，锯条常常断裂。

（2）**部分对人体有害**。锯刨时产生的黄色锯屑飞尘有刺激性，可引起皮炎。

五、防腐木地板：防霉抑菌，装饰性强

防腐木地板是指将木材经过特殊防腐处理的木地板，一般是将防腐剂经真空加压压入木材，然后经200℃左右高温处理，使其具有防腐烂、防白蚁、防真菌的功效。防腐木地板可用于庭院施工，是户外木地板、木栈道及其他木质构造的首选材料（图4-19，图4-20）。防腐木主要有以下优点。

1.抑菌

我国防腐木的主要原材料是樟子松。樟子松质细、纹理直，经过防腐处理后，能够有效地防止霉菌、白蚁、微生物的侵蚀，抑制木材含水率的变化，减少木材的开裂程度。

2.绿色、环保

炭化木是一种不经防腐剂处理的防腐木，被称为深度炭化木，又称热处埋木。它是将木材的有效营养成分炭化，通过切断腐朽菌生存的营养链进而达到防腐的目的，是一种绿色环保材料。

图4-19　防腐木花架

防腐木非常容易着色，能满足各种设计的要求，可用于各种庭院的构造与制作工艺。

图4-20　防腐木地板

防腐木地板具有良好的亲水效果，能在各种户外气候的环境中使用15～50年。

3.装饰效果强

防腐木的颜色一般呈黄绿色、蜂蜜色或褐色，易于上涂料及着色，根据设计要求，可以达到美轮美奂的效果。

Tips　防腐木地板选购

1.看载药量。 选购防腐木产品时不能只看颜色和外表，应着重看其载药量和渗透深度，以CCA-C型木材防腐剂处理的防腐木为例，如果用在户外，但不接触地面，防腐木应达到的载药量需大于或等于4kg/m^3，渗透深度应大于或等于85%；如果用在户外，接触地面或浸在淡水中，防腐木应达到的载药量需大于或等于9.6kg/m^3，渗透深度应大于或等于95%。

2.看合格证。 优质的防腐木地板应具有环保证书，而且相应的参数也应清晰标明，环保指数也要达到标准。

六、实木地板对比

实木地板对比见表4-1。

表4-1　实木地板对比

品种	图示	性能特点	用途	价格
松木地板		更环保时尚，导热性好，保养也简单，但不耐晒，受日照后易变色	建筑空间地面铺装	70元/m^2
橡木地板		强度及韧性高，稳定性佳且花色品种多，纹理丰富美丽，脚感舒适	建筑空间地面铺装	300～600元/m^2

续表

品种	图示	性能特点	用途	价格
柚木地板		稳定性好，极耐磨且防潮、防腐、防虫蛀、防酸碱	建筑空间地面铺装	200～500元/m²
蚁木地板		涂饰性良好，耐腐蚀甚至能抗白蚁及蠹虫危害	建筑空间地面铺装	350～550元/m²
防腐木地板		防腐烂、防白蚁、防真菌	建筑空间地面铺装	150元/m²

第二节 复合地板材料

复合地板是地板的一种，但复合地板是通过人为改变地板材料的天然结构，达到性能符合预期要求的一种地板。复合地板不仅具有一般实木地板的优点，相比天然的实木地板，耐磨度更好，价格也可能更便宜。

一、实木复合地板：纹理丰富，价格适中

实木复合地板是利用珍贵木材或木材中的优质部分以及其他装饰性强的材料作为表层，以材质较差或成本低廉的竹、木材料作为中层或底层，经高温、高压制成的多层结构的地板（图4-21，图4-22）。

图4-21 挑选实木复合地板
在挑选实木复合地板时，一定要确保主要指标合格，避免上当受骗。很多指标都有国家规定的标准，包括耐磨性、甲醛释放量、吸水厚度膨胀率等。

图4-22 实木复合地板侧面
从侧面可以看出，实木复合地板不仅充分利用了优质材料，提高了制品的装饰性，而且所采用的加工工艺也不同程度地提高了产品的力学性能。

1.规格

现代实木复合地板主要以3层为主，采用3层不同的木材黏合制成，表层使用硬质木材，如榉木、桦木、柞木、樱桃木、水曲柳等，中间层与底层使用软质木材或纤维板。

2.价格

实木复合地板主要是以实木为原料制成的，规格与实木地板相当，有的产品规格可能会大些，但是价格要比实木地板低，中档产品的价格一般为200~400元/m²。

> **Tips　实木复合地板鉴别**
>
> **1.注意观察表层厚度。** 实木复合地板的表层厚度决定其使用寿命，表层板材越厚，耐磨损的时间就越长。进口优质实木复合地板的表层厚度一般在4mm以上。此外，还应观察表层材质和四周榫槽是否有缺损。
>
> **2.检查规格尺寸公差值。** 可以用尺子实测或与不同品种相比较，拼合后观察其榫槽结合是否严密，结合的松紧程度如何，拼接表面是否平整。
>
> **3.检验防水性能。** 可以取不同品牌小块样品浸渍到水中，试验其吸水性和黏性如何，浸渍剥离速度越低越好，胶合性越强越好。按照国家规定，地板甲醛释放量应小于0.124mg/m³。如果近距离接触木地板时，有刺鼻或刺眼的感觉，则说明甲醛含量超标。

二、强化复合地板：防潮耐用，价格低廉

强化复合木地板是由多层不同材料复合而成，其主要复合层从上至下依次为强化耐磨层、着色印刷层、高密度板层、防震缓冲层以及防潮树脂层（图4-23～图4-25）。

图4-23　强化复合木地板铺装
强化复合木地板具有良好的耐污染腐蚀、抗紫外线光以及耐香烟灼烧等性能，适合地面铺装。

图4-24　强化复合木地板鉴别（一）
用0#粗砂纸在地板表面反复打磨，约50次，如果没有褪色或磨花，说明地板质量还不错。

图4-25　强化复合木地板鉴别（二）
取强化复合地板样品，手保持干燥，平抚地板表面，有粗糙感和刺痛感的为劣质复合地板。

1.优点（图4-26～图4-28）

（1）强化复合木地板采用高标准的材料和合理的加工手段，具有较好尺寸稳定性。

（2）强化复合木地板具有很高的耐磨性，表面耐磨度为普通油漆木地板的10～30倍。

（3）着色印刷层为饰面贴纸，纹理色彩丰富，设计感较强。

（4）产品的内结合强度、表面胶合强度和冲击韧性力学强度较好。

（5）防震缓冲及树脂层垫置于高密度板层下方，用于防潮、防磨损，能起到保护基层板的作用。

图4-26 优质强化复合木地板（一） | 图4-27 优质强化复合木地板（二） | 图4-28 优质强化复合木地板（三）

可以取两件强化复合地板样品，自由拼接在一起，优质品拼接后无缝隙。

优质强化复合地板的侧部企口应该细密、平整，手触碰也不会有刺痛感。

优质的强化复合地板背部会有防潮层，防潮层和面板贴合紧密，而且沾水不轻易脱落。

2.强化复合木地板规格与价格

强化复合木地板的规格长度为900～1500mm，宽度为180～350mm，厚度为8～18mm。其中，厚度越厚，价格越高。目前市场上售卖的复合木地板以12mm居多，价格为80～120元/m^2。

高档优质强化复合木地板还增加了约2mm厚的天然软木，具有实木脚感、噪声小、弹性好。购买地板时，商家一般会附送配套的踢脚线、分界边条、防潮毡等配件，并负责运输安装。

> **Tips** **强化复合木地板鉴别**
>
> **1.检测耐磨转数。**耐磨转数是衡量强化复合地板质量的一项重要指标，耐磨转数越高，地板使用的时间就越长，地板的耐磨转数达到1万转为优等品。
>
> **2.观察表面光洁度。**强化复合木地板的表面一般有沟槽型、麻面型、光滑型等，本身无优劣之分，但都要求表面光洁、无毛刺；背面要求有防潮层。
>
> **3.查看地板厚度与重量。**复合木地板的厚度越厚，使用寿命也就越长；同时，复合木地板的重量主要取决于其基材的密度，基材决定着地板的稳定性、抗冲击性等诸

项指标。因此，基材越好，密度越高，地板也就越重。

4.了解产品的配套材料。在购买过程中需要查看正规证书和检验报告，一般按照标准，地板甲醛含量应小于9 mg/100g。如果大于9mg/100g则属于不合格产品。可以从包装中取出一块地板，用鼻了仔细闻一下，如果没有刺激性气味则说明质量合格。

三、竹地板：质地硬朗，舒适凉爽

竹地板是竹子经处理后制成的地板。与木材相比，竹材作为地板原料有许多特点（图4-29～图4-32）。

图4-29　竹地板铺装
竹木地板具有良好的质地和质感，竹材的组织结构细密，材质坚硬，具有较好的弹性，脚感舒适，铺装后的装饰自然而大方。

图4-30　竹地板
制作竹地板的原材料具有别具一格的装饰性，竹材色泽比较淡雅，块材之间的色差较小，整体视觉上能给人一种清新感。

图4-31　竹地板细节
竹地板所使用的竹材纹理通直，有规律，竹节上还有点状放射性花纹，而且优质的竹地板表面纹理清晰，色调深浅有序，极具装饰性。

图4-32　竹地板鉴别
优质的竹地板拥有封漆和防潮层，其中封漆可以有效避免水渍渗透到竹地板中，也能有效减少蛀虫的滋生。与强化复合地板一样，竹地板为了增强防潮性能，其表面也粘接有防潮层。

1.优点

竹子具有优良的物理力学性能，竹材的干缩湿胀小，尺寸稳定性高，因而竹地板不易变形开裂；同时，竹材的力学强度比木材高，耐磨性好。

2.分类

（1）**本色竹地板。**本色竹地板保持了竹材原有的色泽，色调清雅，装饰效果比较自然。

（2）**炭化竹地板。**炭化竹地板的竹条要经过高温、高压的炭化处理，使竹片的颜色加深。

3.规格与价格

竹地板价格介于实木地板与强化复合木地板之间，规格与实木地板相当，中档产品的价格一般为150～300元/m^2。

竹地板鉴别

1.看原材料。应该选择优异的材质，正宗的楠竹较其他竹类纤维坚硬密实，抗压、抗弯强度高，耐磨，不易吸潮，密度高、韧性好、伸缩性小。

2.观察竹地板的胶合技术。竹地板是经高温、高压胶合而成，市场上有的厂家利用手工压制或简易机械压制，施胶质量无法保证，很容易出现开裂、开胶等现象。

3.查看产品资料是否齐全。正规的产品按照国家明文规定应该有一套完整的产品资料，包括生产厂家、品牌、产品标准、检验等级、使用说明以及售后服务等资料。

4.从外观上看。优质竹地板是六面淋漆。由于竹地板是绿色的自然产品，表面带有毛细孔，因为存在吸潮概率从而引发变形，所以必须将四周全部封漆并粘贴防潮层。

四、塑料地板：质地柔软，花色丰富

塑料地板，即采用塑料铺设的地板，其基本原料主要为聚氯乙烯（PVC），具有较好的耐燃性与自熄性（图4-33～图4-35）

图4-33　弹性卷材塑料地板铺装　　图4-34　使用中的塑料地板　　图4-35　质轻的塑料地板

弹性卷材塑料地板铺装后不仅具有良好的装饰性，而且能提高空间的安全性能。

塑料地板表面覆盖有0.2～0.8mm厚的特殊高分子材料，耐磨程度高，为同类产品中最佳。

质量颇轻的塑料地板最适合高层建筑空间的地面装饰，能够减低建筑承重，安全性有保证且搬运方便。

1.优点

（1）**防水防滑**。塑料地板表面密度高，具有遇水不滑和安全、舒适的特点，其特性是石材、瓷砖等无法比拟的。

（2）**超强耐磨**。地面材料的耐磨程度，取决于表面耐磨层的材质与厚度，并非单看其地砖的总厚度。

（3）**质轻**。塑料地板施工后的重量比木地板施工后的重量约轻10倍，比瓷砖施工后的重量约轻20倍，比石材施工后的重量约轻25倍。

（4）**导热保暖性好**。导热只需几分钟，散热均匀，绝无石材、瓷砖的冰冷感觉。

（5）**保养方便**。塑料地板易于保养，易擦、易洗、易干，使用寿命长，平常用清水拖把擦洗即可。若遇污渍，用橡皮擦或稀料擦拭即可干净。

（6）**绿色环保**。塑料地板无毒、无害，对人体、环境绝无副作用，而且不含放射性元素；通过防火测试，离开火源即自动熄灭，安全有保障，防潮、防虫蛀，不怕腐蚀。

2.分类

（1）**块材地板**。块材地板的主要优点是：在使用过程中如果出现局部破损，可以局部更换而不影响整个地面的外观，但接缝较多，施工速度较慢。块材地板为硬质或半硬质地板，质量可靠，颜色有单色或拉花两个品种，其厚度大于1.5mm（图4-36）。

（2）**软质卷材地板**。软质卷材地板大部分产品的厚度只有0.8mm，它解决不了冷、硬、响的弊病，还由于其强度低，使用一段时间后，绝大部分会发生起鼓及边角破裂等现象。弹性卷材地板能解决混凝土地面的冷、硬、灰、潮、响的缺点，而且装饰效果好，脚感舒适；采用不燃塑料制造，不易引起火灾（图4-37，图4-38）。

图4-36　块材塑料地板

块材塑料地板属于低档地板，可以使环境得到一定程度上的美化。

图4-37　卷材塑料地板

卷材塑料地板纹样自然、逼真，有仿木纹、仿石纹以及仿织物纹样等图案。

图4-38　无纺布卷材塑料地板

无纺布卷材塑料地板是以无纺布为基础材料，表面耐磨性较差，而且防翘曲性能也较差。

3.价格

塑料地板按其色彩可以分为单色与复色两种。单色地板一般采用新方法生产，价格略高些，约有10～15种颜色。塑料地板的价格与地毯、木质地板、石材、陶瓷等地面材料相比，相对便宜。常见的软质卷材地板为成卷销售，也可以根据实际的使用面积按直米裁切销售。一般产品宽度为1.8～3.6m，10m/卷，裁切后铺装到家居地面，平均价格为15～20元/m^2。

Tips　塑料地板鉴别

1.看表面花纹。优质产品的表面应该平整、光滑、无压痕、折印、脱胶，周边方正，切口整齐，应关注颜色、花纹、色泽、平整度和伤裂等状态。

2.看色泽和弹性。一般在600mm的距离外目测不可以有凹凸不平、光泽与色调不均、裂痕等现象。要求塑料地板能够在长期荷载状态下依旧保持较好的弹性回复率。

3.看耐磨耗性。耐磨耗性是塑料地板的重要性能指标之一，可以采用砂纸在塑料地板表面反复打磨10~20次。若表面无褪色或划痕即为合格，还可以用4H绘图铅笔在地板表面进行用力刻划，如没有划痕即为合格；容易划伤的塑料地板则说明不耐用，很快就会被磨穿。

4.看阻燃性。塑料在空气中加热时容易燃烧、发烟、熔融滴落，甚至会产生有毒气体。可以用打火机点燃塑料地板的边角，优质地板材料离开火焰后会自动熄灭，从消防的角度出发，应该选用阻燃、自熄性塑料地板。

5.看耐久性及其他性能。耐久性很难通过一次性测定，必须通过长期使用后进行观测；还需观察其抗冲击、防滑、导热、抗静电以及绝缘等性能。质量差的地板遇到化学药品会出现斑点、气泡，受污染时会褪色、失去光泽等，所以必须谨慎选购。

五、复合地板对比

复合地板对比见表4-2。

表4-2　复合地板对比

品种	图示	性能特点	用途	价格
实木复合地板		层次丰富，舒适感较好，综合性能稳定，纹理丰富，价格适中	建筑空间地面铺装	200~400元/m²
强化复合木地板		结构简单，花色纹理丰富，防潮与耐久性较强，价格低廉	建筑空间地面铺装	80~120元/m²
竹地板		质地硬朗，舒适凉爽，纹理自然，防腐性稍弱，价格适中	建筑空间地面铺装	150~300元/m²
塑料地板		质地轻盈、柔软，花色品种较多，耐磨性稍弱，价格低廉	建筑空间地面铺装	15~20元/m²

竹地板保养

1.保持通风。经常保持建筑空间内部通风，既可以使竹地板中的化学物质加速挥发，又可以使建筑空间内部的潮湿空气与室外空气交换。

2.避免暴晒或水淋。阳光或雨水直接从窗户进入建筑空间内部会对竹地板产生危害，阳光会加速漆面老化，引起地板干缩、开裂；而雨水淋湿后，竹材吸收水分会引起膨胀变形、发霉。

3.避免损坏表面。竹地板漆面既是地板的装饰层，又是竹地板的保护层，应该避免硬物的撞击及利器的划伤、金属的摩擦等。

4.正确清洁打理。应经常清洁竹地板，可先用干净的扫帚把灰尘和杂物扫净，再用拧干水的抹布人工擦拭。如果面积太大时，可将布拖把洗干净，再挂起来滴干水滴；拖净地面时，一定不能用水洗，也不能用湿漉漉的抹布或拖把清理。

第三节 | 辅料配件

本节主要介绍铺装地板材料在使用过程中常见的辅料配件，主要包括踢脚线、地板钉以及地垫等。

一、踢脚线：品种多样，擦洗方便

踢脚线，顾名思义就是脚踢得着的区域，所以易受到冲击。阴角线、腰线、踢脚线可以起到视觉的平衡作用，利用它们的线形感觉及材质、色彩等在建筑空间内的相互呼应，可以起到较好的美化装饰效果（图4-39）。

1.踢脚线优点

（1）制作踢脚线可以更好地使墙体和地面之间结合牢固，减少墙体变形，避免外力碰撞造成破坏。

（2）踢脚线也比较容易擦洗，如果拖地溅上脏水，擦洗非常方便。

（3）踢脚线除了它本身保护墙面的功能之外，在装饰空间方面也占有相当大的比例。

（4）踢脚线是地面的轮廓线，视线经常会很自然地落在上面。一般建筑装饰中踢脚线出墙厚度为50～120mm。

图4-39　踢脚线应用

踢脚线应用广泛，造价适宜，色彩多样，适于各种风格的装饰。

2.踢脚线种类

（1）**木质踢脚线**（图4-40）。木质踢脚线分为实木和密度板制作的两种踢脚线，实木的非常少见且成本较高，效果较好；安装时，要注意气候变化后产生起拱的现象。

（2）**PVC踢脚线**（图4-41）。PVC踢脚线是木踢脚线的替代品，外观一般模仿木踢脚线，用贴皮呈现出木纹或者涂料的效果，便宜；但贴皮层可能脱落，而且视觉效果也比木踢脚线差。

（3）**瓷砖或石材踢脚线**（图4-42）。瓷砖或石材踢脚线比较耐用，但一般适合于墙面也使用石材或瓷砖的空间内。

图4-40　木质踢脚线

木质踢脚线比较好施工，装饰效果也比较好，而且与墙面缝隙小，能很好地防潮。

（4）**PS高分子踢脚线**（图4-43）。PS（聚苯乙烯）高分子踢脚线替代了实木质踢脚线和不锈钢及其石材踢脚线等，其本质上是以塑料为主要材料，表面使用木色或者大理石纹理来进行装饰。

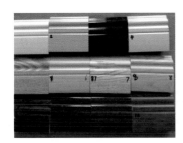

图4-41　PVC踢脚线

PVC踢脚线价格比较便宜，色彩和花纹都比较丰富，但容易碎裂，日常损耗较大。

图4-42　瓷砖踢脚线

瓷砖踢脚线色泽和表面样式都比较丰富，而且防水和防潮性能都较好，但使用时要注意与墙面贴合紧密。

图4-43　PS高分子踢脚线

PS高分子踢脚线比较防水、耐磨，表面处理档次高，成本高于PVC踢脚线和密度板制作的踢脚线。

 踢脚线的色彩选择

1.接近法。所选择踢脚线的颜色和地砖颜色一致或者接近。

2.反差法。所选择的踢脚线颜色和地砖颜色形成反差。一般来说，对于浅色地砖，不建议选择浅色的踢脚线，建议选择中性的咖啡色踢脚线。

（5）**不锈钢踢脚线**（图4-44）。不锈钢踢脚线一般只适合一些现代风格的装饰中，白色、黄色、墨绿色混油和金属相配。不锈钢踢脚线或铝质踢脚线，已成为这种时尚装饰的一部分。

（6）**木塑踢脚线**（图4-45）。木塑踢脚线是采用当前国内蓬勃兴起的一类新型复合材料，是利用聚乙烯、聚丙烯和聚氯乙烯等，以代替通常的树脂胶黏剂，与木粉混合成新的木质材料。

（7）**人造石踢脚线**（图4-46）。人造石的制造技术一直在取得进步，根据添加色糊和颗粒的不同，从浅色至深色，从素色到含有颗粒的花色，其在市场上都能见到。由于人造石的物理和化学特性，数米长的石材踢脚线在现场施工时能做到无缝拼接，没有疤痕印记，目光所到之处都是光滑的曲线。

（8）**玻璃踢脚线**（图4-47）。玻璃踢脚线是以玻璃为主材料，经切割、精细打磨，表面喷涂了优质进口纳米材料，但易碎。

图4-44　不锈钢踢脚线

不锈钢踢脚线成本非常高，安装也比较复杂，但经久耐用，几乎没有任何维护的麻烦。

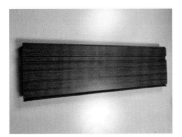
图4-45　木塑踢脚线
木塑踢脚线的综合性能比较好，也比较环保，花色也很新颖，但抗冲击力不够。

图4-46　人造石踢脚线
人造石踢脚线的原料主要是天然石粉聚酯树脂、颜料以及氢氧化铝，对人体无害。

图4-47　玻璃踢脚线
玻璃踢脚线具有晶莹剔透的特性，但容易脆裂，用在踢脚线上不太安全。

Tips　踢脚线选购

1.要了解清楚踢脚线的环保性和抗压变形性，确定其受季节、气候影响不会过多。

2.根据高度选择，踢脚线的高度一般是660mm或者是700mm。

3.根据颜色选择，踢脚线颜色可以根据地板颜色和墙面颜色来选择，可选相近或者反差较大的颜色。

二、地板钉：抗弯性强，安装牢固

地板钉主要用于实木地板与木龙骨之间的连接（图4-48）。

图4-48　使用地板钉安装木龙骨

实木地板与普通的地板不一样，如果不打龙骨就很容易变形，因此在安装地板前必须先在地面打地龙。

1.地板钉优点

（1）经淬火处理，折弯不易断裂，便于安装。

（2）锯齿螺纹使安装牢固程度远远强于传统麻花地板钉。

（3）头部带十字槽，便于必要时可方便拆卸。

（4）头部尺寸小，埋入地板不易开裂。

2.地板钉种类

（1）**美固高级地板防松钉**。美固高级地板防松钉从原理上属于螺钉类，使用时可作为普通麻花地板钉中1.5英寸[1英寸（in）= 2.54厘米（cm）]、2英寸、2.5英寸三个型号的替代产品，配合"美固钉"使用是作为解决地板安装踩踏有声响问题的最佳组合方案（图4-49）。

（2）**麻花钉**。麻花钉是建筑装饰紧固件的传统产品，在敲击式膨胀钉及防松地板钉面世以前，麻花钉是安装地板木龙骨和地板的主要紧固件，同时还被广泛用于户外木结构、木质家具的安装固定（图4-50）。

图4-49　美固高级地板防松钉

美固高级地板防松钉具有安装便利而且防松效果更佳的特点。

图4-50　麻花钉

麻花钉的产品型号有1.5英寸、2英寸、2.5英寸、3英寸、3.5英寸以及4英寸等几种。

三、地垫：弹性柔软，防水防潮

地垫是地板与地面之间的隔层，它在地板铺设中主要起到防潮和平衡的作用。市场上所销售的地垫产品一般都能达到用户的基本使用要求。地垫只是起到防潮、减震、静音的作用，最终还是要看地板质量和铺装施工员的操作水平（图4-51）。

地垫是一种能有效地在入口处刮除泥尘和水分，保持地面整洁的产品；特点是弹性柔软，脚感舒适，含有独特的抗紫外线添加剂，可防止褪色及脆化现象，能承受日晒雨淋的室外环境。

图4-51　铺设防潮地垫

防潮地垫拥有良好的防水、防潮性能，铺贴于地板下，一定程度上可以增强地板的使用寿命。

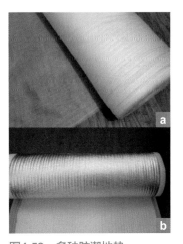

图4-52　多种防潮地垫

地垫种类繁多，防潮地垫是其中一种，其他的还有普通地垫、铝膜地垫、塑料膜地垫以及特种塑胶地垫等。

此外，在选购时应注意，地垫并非越厚越好，一般为2mm左右即可；过厚的地板回旋余地比较大，时间长了容易起拱。一般塑料膜地垫选购主要是看其韧性，好的地垫其韧性也很好；铝膜地垫选购时则要注意其表面的铝膜和塑料膜粘接是否紧密；对于优质铝膜地垫，它的那层铝膜是不容易脱落的（图4-52）。

四、地板构造辅料配件对比

地板构造辅料配件对比见表4-3。

表4-3　地板构造辅料配件对比

品种	图示	性能特点	用途	价格
踢脚线		具有美化装饰效果，但易受到冲击	主要用于墙体和地面之间的连接	12～56元/m
地板钉		安装牢固且方便，折弯不易断裂	主要用于实木地板与木龙骨之间的连接	13～16元

续表

品种	图示	性能特点	用途	价格
地垫		弹性柔软，脚感舒适，防潮、减震、静音	铺设在地板上，防潮和平衡	12~200元

本章小结

　　了解铺装地板材料不仅要熟悉其特性，同时还要了解其具体的施工过程、施工注意事项以及保养技巧，在选购时还要多加斟酌，不可因价格便宜就冲动购买。不同地板的含水率不同，应当根据当地气候特征来进行选择，潮湿地区应选择含水率较高的产品，反之亦然。

第五章

涂饰涂料

识读难度：★★★★☆

核心要点：木器涂料、墙面涂料、地坪涂料、仿岩涂料、
辅料配件

分章导读：涂料品种繁多，一般应以专材专用的原则进行
选购，尤其涂料的环保性也是人们选购的一个
重要指标。涂料能形成粘接牢固且具有一定强
度与连续性的固态薄膜，对建筑装饰构造能起
到保护、装饰以及标志作用（图5-1）。

图5-1 涂料

第一节 | 墙面涂料

　　墙面涂料是建筑装饰中用于墙面的主要饰材之一，在基础装饰费中占一定比例。选择优质的墙面涂料是非常重要的，一般需要从环保指标、使用寿命以及遮盖力等方面出发进行选择。

一、乳胶漆：价格较低，遮盖力强

　　乳胶漆又被称为合成树脂乳液涂料，是有机涂料的一种，它是以合成树脂乳液为基料加入颜料、填料及各种助剂配制的水性涂料（图5-2，图5-3）。

图5-2 乳胶漆
乳胶漆具备与传统墙面涂料不同的优点，它施工方便，干燥迅速，也非常便于擦洗。

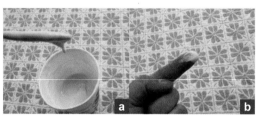

图5-3 乳胶漆鉴别
左：可以用木棍挑起乳胶漆，优质产品的漆液自然垂落能形成均匀的扇面，不会断续或滴落。
右：手轻蘸一些乳胶漆，漆液能在于指上均匀涂开，能在2min内干燥结膜且结膜有一定延展性的为优质品。

1.优点

　　（1）**干燥速度快**。乳胶漆干燥速度快，在25℃时，30min内表面即可干燥，120min左右就可以完全干燥。

　　（2）**不易变形**。乳胶漆耐碱性好，涂于碱性墙面、顶面及混凝土表面，不返黏，不易变色。

　　（3）**色彩丰富**。乳胶漆色彩柔和，漆膜坚硬，表面平整无光，观感舒适，色彩明快而柔和，颜色附着力强。

　　（4）**施工方便**。乳胶漆调制方便，易于施工，可以用清水稀释，能刷涂、滚涂、喷涂，工具用完后可用清水清洗，十分便利。

2.常用乳胶漆分类

　　常用乳胶漆分类见表5-1。

表5-1　常用乳胶漆分类

品种	特性
亚光漆（图5-4）	无毒、无味，具有较高的遮盖力、良好的耐洗刷性，附着力强、耐碱性好，安全环保，施工方便，流平性好
丝光漆（图5-5）	丝光漆涂膜平整光滑、质感细腻，具有丝绸光泽、遮盖力高、附着力强、抗菌防霉以及耐水、耐碱等优良性能
有光漆	色泽纯正、光泽柔和、漆膜坚韧、附着力强、干燥快、防霉耐水，耐候性好、遮盖力高，适用于大面积空间
高光漆（图5-6）	高光漆具有超强遮盖力，坚固美观，光亮如瓷；同时，还具有很高的附着力，高防霉抗菌性能
其他种类	除此之外，还有固底漆与罩面漆等品种。固底漆能有效地封固墙面，耐碱防霉的涂膜能有效保护墙壁，有极强的附着力，能有效防止面漆咬底龟裂，适用于各种墙体基层使用；罩面漆的涂膜光亮如镜，耐老化，极耐污染，内外墙均可使用，污点一洗即净，适用于易污染的空间

3.规格与价格

乳胶漆常用包装为3～18kg/桶，其中18kg包装产品价格为150～400元/桶。知名品牌产品还有配套组合套装产品，即配置固底漆与罩面漆，价格为800～1200元/套。乳胶漆的用量一般为12～18m²/L，涂装2遍（图5-4～图5-6）。

图5-4　亚光漆

亚光漆比较柔和，涂刷后光滑、平整，比较耐高温，光泽度低。

图5-5　丝光漆

丝光漆涂膜可洗刷，光泽持久，适用于小面积的空间中。

图5-6　高光漆

高光漆耐洗刷，涂膜耐久且不易剥落，坚韧牢固。

Tips　**乳胶漆鉴别**

优质的乳胶漆晃动时一般听不到声音，很容易晃动出声音则证明乳胶漆黏稠度不高。此外，优质产品有淡淡的清香；而伪劣产品则具有泥土味，甚至带有刺鼻气味，或无任何气味。

二、硅藻泥：吸附异味，隔声性好

硅藻涂料是以硅藻泥为主要原料，添加多种助剂的粉末装饰涂料，它是一种天然环保内墙装饰材料，可以用来代替壁纸或乳胶漆。在现代建筑装饰中，硅藻泥适用于各种背景墙，具有良好的装饰效果。以硅藻泥为粉末装饰涂料时，一般在施工中建议加水调和后使用（图5-7～图5-9）。

1.优点

（1）硅藻泥本身无任何污染，不含任何有害物质及有害添加剂，为绿色环保产品。

（2）硅藻泥具备独特的吸附性能，可以有效消除空气中的游离甲醛、苯、氨等有害物质，以及因宠物、吸烟、垃圾所产生的异味，可以净化空气。

（3）硅藻泥由无机材料组成，因此不燃烧，即使发生火灾，也不会产生任何对人体有害的烟雾。当温度上升至1300℃时，硅藻泥只是出现熔融状态，不产生有害气体等烟雾。

（4）硅藻泥具有很强的降低噪声功能，其功效相当于同等厚度水泥砂浆的2倍以上，不易产生静电，墙面表面不易落尘。

图5-7　硅藻涂料
硅藻涂料是一种新型的环保涂料，具有消除甲醛、释放负氧离子等功能，同时也被称为会呼吸的环保功能性壁材。

图5-8　硅藻涂料调和
硅藻涂料调和后完全干燥需要48h，48h后可以用喷壶在其施工界面喷洒少许清水，以保证施工界面的湿润度。

图5-9　硅藻涂料效果
硅藻涂料选择主动性较高，能选择的花纹也较丰富，使用频率高。涂刷后可以使墙面拥有更丰富的自然质感，纹样花饰等也变得更多样化。

2.规格与价格

硅藻泥主要有桶装与袋装两种包装：桶装规格为5～18kg/桶，5kg包装的产品价格为100～150元/桶；袋装价格较低，袋装规格一般为20kg/袋，价格为200～300元/袋，用量一般为1kg/m²。

硅藻泥鉴别

1.应选择知名品牌产品，选择有独立门店，而且在当地口碑较好的品牌。

2.优质硅藻泥粉末不吸水，用手拿捏有特别干燥的感觉。

3.如果条件允许，可以取适量硅藻泥粉末放入水中。如果硅藻能够还原成泥状，则为真硅藻泥，反之为假冒产品。

4.由于硅藻泥具有吸附性，可以在干燥的600mL纯净水塑料瓶内放置约50%容量的硅藻泥粉末，将香烟烟雾吹入其中而后封闭瓶盖，不断摇晃瓶身，约10min后打开瓶盖仔细闻一下，正宗产品应该基本没有烟味。

三、液体壁纸：纹理突出，无接缝

液体壁纸是一种新型的艺术装饰涂料，为液态桶装，通过专有模具，可以在墙面上做出风格各异的图案（图5-10，图5-11）。

1.优点

（1）绿色、环保。 液体壁纸施工时不必使用建筑胶水、聚乙烯醇等，所以不含铅、汞等重金属以及醛类物质，从而无毒、无污染。

图5-10　液体壁纸应用

液体壁纸取材于天然贝壳类生物的壳体表层，胶黏剂选用无毒、无害的有机胶体，是真正的天然、环保产品。

图5-11　液体壁纸印花辊筒

印花辊筒具备不同的花纹，可以根据需要选择所需的印花辊筒，这种辊筒也很方便施工。

（2）良好的抗污性。 由于是水性材料，液体壁纸的抗污性很强，同时具有良好的防潮、抗菌性能，不易生虫，不易老化。

（3）色彩丰富。 液体壁纸不仅克服了乳胶漆色彩单一、无层次感及壁纸易变色、翘边、起泡、有接缝、寿命短的缺点，而且具备乳胶漆易施工、图案精美等特点。

2.规格与价格

液体壁纸主要以面积来计算，价格一般是60～100元/m^2。

Tips 液体壁纸鉴别

1.看颜色。优质的液体壁纸漆颜色比较均匀，不会有沉淀和漂浮物，也不会有任何杂质和颗粒，质地比较细腻、顺滑。

2.闻气味。优质的液体壁纸漆不会有刺激性气味或者油性气味，反而带有一股清香，对人体没有伤害。

3.看黏稠度。优质的液体壁纸漆浓度较稠，一般可以拉出大约200 mm的细丝。

4.看施工模具。优质液体壁纸漆的施工模具外框为金属，图案清晰无垢，弹性强，膜面紧绷而有弹性；丝网分布光滑均匀，膜面牢固，绷力均匀、平滑的为优质品。

5.看凝固时间。优质的液体壁纸漆在施工后能在3~4min内迅速成膜，不会有流淌现象，图案更不会有褶皱或模糊出现。

6.看样品。液体壁纸漆在墙面完全凝固后用手抚摸会有舒适质感，无油腻感觉，使用湿布擦拭不会褪色，花纹与墙面结合紧密，用力擦拭也不会产生脱落和褪色现象。

四、墙面涂料对比

墙面涂料对比见表5-2。

表5-2 墙面涂料对比

品种	图示	性能特点	用途	价格
乳胶漆		质地均匀，遮盖力较强，较环保，价格低廉，不同品牌产品差价较大，质量识别难度大	墙面、顶面涂装	18kg，150~400元/桶
硅藻泥		品种繁多，孔隙较大，能吸附异味，隔声效果好，施工复杂	墙面局部装饰涂装	5kg，100~150元/桶
液体壁纸		色彩繁多，纹理质感突出，配合辊筒模具使用，整体效果统一，无接缝，价格昂贵	墙面局部涂装	60~100元/m²

第二节 | 地坪涂料

地坪涂料的主要成分是环氧树脂和固化剂，又由于主要成膜基料是环氧树脂，而环氧树脂本身具有热塑性，需要与固化剂或脂肪酸进行反应，由热塑性变为热固性，从而显示出各种优良性能。

一、溶剂型环氧地坪涂料：环保无毒，防滑无缝

溶剂型环氧地坪涂料是在混凝土或水泥地面上铺上一层薄薄的地坪涂料，形成的无接缝、易清洁、成本较低的环氧地坪涂料（图5-12，图5-13）。

图5-12　溶剂型环氧地坪涂料

溶剂型环氧地坪涂料柔韧性比较差，承受不了大型机械设备或重物的重压，会出现脱层、断裂的情况，硬度也一般，容易被物体刮花。

图5-13　停车场

溶剂型环氧地坪涂料适用于要求耐磨、耐腐蚀、耐油污、耐重压、表面光洁且容易清洗的场所，如汽车制造、机械制造、造纸、卷烟、化工以及纺织等行业生产车间的高标准地面和停车场。

1.优点

溶剂型环氧地坪涂料拥有丰富的色彩，能有效地美化工作环境，施工后的界面平整光滑，整体无缝，易清洗，不集聚灰尘和细菌，而且具有一定的防滑性和无毒性，符合卫生要求。

2.缺点

溶剂型环氧地坪涂料采用有机溶剂作为稀释剂，一般采取刷涂、滚涂或喷涂的施工方式。由于溶剂型涂料中含有大量有机溶剂，施工时挥发出来会影响施工人员的健康；同时，向大气排放大量的有机挥发物，对环境造成污染。

二、无溶剂型环氧地坪涂料：抗压耐磨，粘接强度高

无溶剂型环氧地坪涂料是在混凝土或水泥地面上铺一层均匀的无溶剂型环氧地坪涂料，进而形成无接缝、光洁、耐磨、抗压、抗冲击、抗菌、不渗透的环氧地坪涂料（图5-14，图5-15）。

1.优点

无溶剂型环氧地坪涂料与基层的粘接强度高，硬化时不易开裂，施工后的界面整体无缝，强度高，耐磨损，经久耐用，能长时间经受铲车、推车以及其他车的碾压，而且抗

渗透，耐化学药品的腐蚀性能也很强，对油类也有较好的容忍力。此外，无溶剂型环氧地坪涂料施工后的界面还易清洗，不集聚灰尘、细菌，施工毒性小，符合环保和卫生的要求。

2.缺点

无溶剂型环氧地坪涂料不需要采用有机溶剂作为稀释剂，一般采用自流平和刮涂的施工方法。无溶剂型环氧地坪涂料采用

图5-14　无溶剂型环氧地坪涂料

不含刺激性易燃液体，属于环保产品，在狭小的舱室及通风条件差的场合，也能施工。

图5-15　电子厂的地面环氧地坪涂料

无溶剂型环氧地坪涂料可以满足较高的洁净度要求，多用于自流平的施工中，广泛适用于医药、食品、电子、精密仪器以及汽车制造等对地面有极高要求的行业。

活性稀释剂以降低施工黏度，并且活性稀释剂可以同环氧固化剂反应，但是由于自身也具有一定的挥发性，在施工及固化的过程中会有少量挥发。

Tips　环氧地坪涂料施工后的养护

1.环氧地坪涂料施工完毕后需养护7～10d，在养护期间，应避免水或其他溶液浸润施工界面。

2.凡进入车间的员工必须要穿上胶底鞋，以免将外面的泥沙带入车间，划伤地面。

3.坚硬类物品，如铁椅、铁桌和铁货架等，在使用时必须将其脚用软质塑料或橡胶包裹起来，以免在使用过程中划伤地面。

4.清洁地面时建议采用软质吸水性好的拖把或干湿两用吸尘器，可用清水或清洁剂清洗，注意控制好地面的湿润度并定期进行打蜡处理。

5.由于使用时间较长而造成地面出现磨损或刮花的情况，可有针对性地进行小面积局部修补；如果出现缺损的面积过大，则建议重新滚涂。

三、地坪涂料对比

地坪涂料对比见表5-3。

表5-3　地坪涂料对比

品种	图示	性能特点	用途	价格
溶剂型环氧地坪涂料		色彩丰富，整体无缝，易清洗，不集聚灰尘和细菌，而且具有一定的防滑性和无毒性	建筑空间地面涂刷	20kg，760元/桶
无溶剂型环氧地坪涂料		施工毒性小，粘接强度高，耐腐蚀性，不易开裂	建筑空间地面涂刷	20kg，400元/桶

第三节 | 木器涂料

木器涂料是建筑装饰中常用的材料，主要用于各种家具、构造、墙面、顶面等界面涂装，种类繁多，选购时要认清产品的性质。

一、聚酯涂料：漆膜厚度大，性能优异

聚酯涂料是一种多组分涂料，它的漆膜丰满，层厚、面硬（图5-16）。

1.优点

（1）聚酯涂料不仅色彩丰富，而且漆膜厚度大，喷涂两三遍即可，并能完全覆盖基层材料。

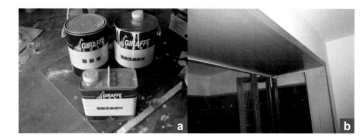

图5-16　聚酯涂料

聚酯涂料的综合性能较优异，具有保护性和装饰性，色泽与保光、保色性能好，但干固时间慢，容易起皱，漆膜颜色也较白。

（2）聚酯涂料的漆膜综合性能优异，硬度高，坚硬耐磨，耐湿热、干热以及多种化学药品。

（3）聚酯涂料颜色浅、透明度好、光泽度高。

2.缺点

（1）聚酯涂料柔韧性差，受力时容易脆裂，一旦漆膜受损后不易恢复。

（2）聚酯涂料调配比较麻烦，比例要求严格，配漆后活化期短，需要随配随用。

（3）聚酯涂料修补性能比较差，损伤的漆膜修补后有印痕。

1.选择品牌、有保障的产品。此外，还要查看聚酯涂料的产品标识，查看各项指标是否达标。

2.看聚酯涂料的固含量、硬度和耐磨性如何。

3.看聚酯涂料的透明程度如何，耐黄性能如何，施工性能如何。

二、硝基涂料：质地单薄，不易氧化发黄

在建筑装饰中，硝基涂料主要用于木器、金属以及水泥等界面，一般以透明、白色为主（图5-17～图5-19）。

1.优点

硝基涂料装饰效果较好，不易氧化发黄，尤其是白色硝基涂料质地细腻、平整，干燥迅速，对涂装环境的要求不高，具有较好的硬度与亮度，修补容易。

2.缺点

硝基涂料固含量较低，需要较多的施工遍数才能达到较好效果。此外，硝基涂料的耐久性不太好，尤其是内用硝基涂料，其保光、保色性不好，使用时间稍长就容易出现诸如失光、开裂、变色等弊病。

3.分类

（1）**外用清漆**。外用清漆是由硝化棉、醇酸树脂、柔韧剂及部分酯、醇、苯类溶剂组成，涂膜光泽、耐久性好，一般只用于室外金属与木质表面涂装。

（2）**内用清漆**。内用清漆是由低黏度硝化棉、松香甘油酯、不干性油醇酸树脂，柔韧剂以及少量酯、醇、苯类有机溶剂组成，涂膜干燥快、光亮，户外耐候性差，可用于金属与木质表面涂装。

图5-17 硝基涂料

硝基涂料是比较常见的木器以及装修用的涂料，一般可用于装饰涂装、金属涂装和一般水泥涂装等。

图5-18 硝基涂料色板

硝基涂料色板拥有不同色彩，可以方便消费者选择自己喜欢的色彩，一般商店都有此展板。

图5-19 硝基涂料喷涂

硝基涂料主要以喷涂为主，在施工前应将被涂物表面彻底清理干净。

（3）**木器清漆**。木器清漆是由硝化棉、醇酸树脂、改性松香、柔韧剂和适量酯、醇、苯类有机挥发物配制而成，涂膜坚硬、光亮，可打磨，但耐候性差，只能用于木质表面涂装。

（4）**彩色磁漆**。彩色磁漆是由硝化棉、季戊四醇醇酸树脂、颜料、柔韧剂以及适量溶剂配制而成，涂膜干燥快，平整光滑，耐候性好；但耐磨性差，适用于室外金属与木质表面的涂装。

4.规格与价格

硝基涂料常用包装为0.5～10kg/桶，其中3kg包装产品价格为70～80元/桶，需要额外购置稀释剂调和使用。

Tips　硝基涂料鉴别

1.硝基涂料的选购方法与清漆类似，只是硝基涂料的固含量一般都大于40%，气味温和，劣质产品的固含量仅在20%左右，气味刺鼻。

2.硝基涂料在运输时应防止雨淋、日光暴晒，避免碰撞；应存放在阴凉通风处，防止日光直接照射并隔绝火源，远离热源。

三、水性涂料：安全环保，附着性好

水性涂料以水作为稀释剂，通常包括水溶性涂料、水稀释性涂料、水分散性涂料（乳胶涂料）。

1.优点

水性涂料的附着力较好，常温干燥迅速并具有优良的防锈、防腐性能、耐候性、防开裂功能，适合大面积涂刷。同时，随着人们环保意识的增强，其越来越受到市场的欢迎（图5-20）。

图5-20　水性涂料
水性涂料在湿表面和潮湿环境中可以直接涂覆施工；对材质表面适应性好，涂层附着力强；其涂装工具可用水清洗，大大减少清洗溶剂的消耗并有效减少对施工人员的伤害。

2.缺点

（1）水性涂料对施工过程及材质表面清洁度要求高，因水的表面张力大，污物易使涂膜产生缩孔。

（2）水性涂料对涂装设备腐蚀性大，需采用防腐蚀衬里或不锈钢材料，设备造价高。

（3）烘烤型水性涂料对施工环境条件要求较严格，增加了调温、调湿设备的投入，同时也增大了能耗。

3.分类

（**1**）**聚氨酯水性涂料**。综合性能优越，丰满度高，漆膜硬度可达到1.5～2H，耐磨性能甚至超过油性漆，使用寿命、色彩调配方面都有明显优势，为水性涂料中的高级产品。

（**2**）**以丙烯酸为主要成分的水性涂料**。附着力好，不会加深木器的颜色，但耐磨性和抗化学性能较差；漆膜硬度较软，铅笔法测试为HB，丰满度较差，综合性能一般，施工易产生缺陷；由于其成本较低，技术含量不高，因此产品推广难度较大。

（**3**）**以丙烯酸与聚氨酯合成物为主要成分的水性涂料**。保持了丙烯酸涂料的特点。此外，其耐磨性和抗化学性较强；漆膜硬度较好，铅笔法测试为1H，丰满度较好，综合性能接近油性漆。

（**4**）**伪水性涂料**。使用时需要添加固化剂或者化学品，如"硬化剂""漆膜增强剂""专用稀释水"等；有些也可以加水稀释，但溶剂含量很高，对人体危害更大，甚至有些超过油性漆的毒性。还有一些商家标其为水性聚酯涂料，消费者很容易分辨出来。

四、木器涂料对比

木器涂料对比见表5-4。

表5-4　木器涂料对比

品种	图示	性能特点	用途	价格
聚酯涂料		质地较清澈，涂装平整光洁，易起白膜，需要稀释使用，干燥快，价格较高	构造表面涂装	5kg，200～300元/组
硝基涂料		质地单薄，涂装平整光滑，遮盖力弱，需要多次涂装，干燥快，单价适中，施工成本高	构造表面涂装	3kg，70～80元/桶
水性涂料		附着力较好，常温干燥迅速，并具有优良的防锈、防腐性能及耐候性、防开裂功能，适合大面积涂刷	构造表面涂装	2.5kg，80～240元/桶

第四节 | 仿石涂料

仿石涂料主要采用各种颜色的天然石粉配制而成，其装饰效果形象生动，无论是质感还是色彩都接近于天然石材。仿石涂料主要包括真石涂料、花岗岩仿石涂料、多彩仿石涂料等。

一、真石涂料：遮盖力强，效果真实

在现代建筑装饰中，真石涂料或真石漆主要用于各种背景墙涂装，或用于户外庭院空间墙面、构造表面涂装。真石漆又称为石质漆，主要由高聚物、天然彩色砂石及相关助剂制成，干结固化后坚硬如石，看起来像天然花岗岩、大理石一样（图5-21~图5-23）。

图5-21 彩色石砂
彩色石砂具有色彩自然质感，具有有害物质较少且不易褪色的特点。

图5-22 真石漆样本
真石漆样本是囊括了各种色彩和纹理的真石漆，在涂料商店均有售卖。

图5-23 真石漆
真石漆主要采用各种颜色的天然石粉配制而成，具有可应用于建筑外墙的仿石材效果，因此又被称为液态石。

1.真石漆涂层构成

（1）**抗碱封底漆**。抗碱封底漆根据基层的不同可分为油性基层与水性基层。封底漆中的聚合物及颜料、填料会在溶剂或水挥发后，渗入到基层的孔隙中，从而阻塞了基层表面的毛细孔，使其具有较好的防水性能。

抗碱封底漆还可以消除基层因水分迁移而引起的泛碱，发花等，同时也增加了真石漆主层与基层的附着力，避免剥落、松脱现象。

（2）**真石漆**。真石漆是由骨料、黏结剂、各种助剂和溶剂组成。骨料是天然石材经过粉碎、清洗、筛选等多道工序加工而成，具有很好的耐候性，一般为非人工烧结彩砂、天然石粉、白色石英砂等，相互搭配可调整颜色深浅，使涂层的色调富有层次感，能获得类似天然石材的质感；同时，也降低了生产成本。

（3）**黏结剂**。黏结剂直接影响真石漆膜的硬度、粘接强度、耐水性、耐候性等多方面性能，黏结剂为无色透明状，在紫外线照射下不易发黄、粉化。

（4）**罩面漆**。罩面漆主要是为了增强真石漆涂层的防水性、耐污性、耐紫外线照射

等性能，也便于日后清洗。罩面漆主要为油性双组分氟碳透明罩面漆与水性单组分硅丙罩面漆。

2.优点

（1）真石漆具有防火、防水、耐酸碱、耐污染、无毒、无味、粘接力强及不褪色等特点（图5-24）。

（2）真石漆能有效阻止外界环境对墙面的侵蚀。由于真石漆具备良好

图5-24 真石漆检验

取适量真石漆材料放置于净水中浸泡，观察颜色是否有变化。如果上层出现乳白色则为正常，出现黄色以及其他色泽，则可以初步断定乳液不合格或乳液中添加了染色成分。

图5-25 真石漆效果

真石漆施工后的纹理能够给人一种十分高雅、和谐以及庄重的美感，同时也可以使墙面获得生动逼真、回归自然的效果。

的附着力和耐冻融性能，因此特别适合在寒冷地区使用。

（3）真石漆具有施工简便、易干省时、施工方便等特点。

（4）优质的真石漆还具有天然真实的自然色泽（图5-25）。

3.规格与价格

真石漆常见桶装规格为5～18kg/桶，其中10kg包装的产品价格为100～150元/桶，可涂装15～20m²。

Tips **真石漆选购**

1.看水润度。打开真石漆包装桶看真石漆的水润度如何，视觉上比较干的属于劣质品，乳液含量不够高。

2.感受水润度。可用手去触摸真石漆，以此来测试真石漆的黏度，黏度强的属于优质品。可以先抓一把真石漆放在手里片刻，等乳液风干后再去洗手。一般好的乳液风干后会形成一层保护膜，必须用开水烫或清洁球之类才能洗干净，注意戴手套。

二、花岗岩仿石涂料：固色性好，安全保温

花岗岩仿石涂料（或称为花岗岩仿石漆）的涂刷效果在色彩上能模仿天然花岗岩和大理石，涂层表面十分平滑，施工也比较简单（图5-26，图5-27）。

1.优点

（1）**固色性好**。花岗岩仿石漆拥有比较强的附着力，同时涂料本身也不含任何色浆；此外，即使是长时间被雨淋、日晒，涂层表面也不会轻易褪色、泛白和泛黄。

（2）**施工方便**。花岗岩仿石漆具有比较好的产品稳定性，而且涂料内所有材料混合比例调配都比较均匀，即使是大面积长时间施工，对最后呈现的施工效果也不会有太大影响，涂刷后的施工界面也是均匀和无色差。

（3）**保温性强**。花岗岩仿石漆多用于外墙涂饰，施工后有比较好的保温性，能够为建筑空间营造良好的环境。

（4）**安全系数高**。花岗岩仿石漆施工后的重量仅为石材重量的1/20，可以更有效地保障建筑物安全。此外，花岗岩仿石漆有憎水涂层，可以有效防止碱性物质析出，保证建筑物不会受到碳化的影响。

2.适用范围

花岗岩仿石漆适用于高档公共建筑、酒店、写字楼以及政府大楼等的外墙装饰。

图5-26　花岗岩仿石漆应用
花岗岩仿石漆弥补了传统真石漆所缺少的岩石片状效果，可以很直接地体现花岗岩的纹理效果与质感。

Tips　仿花岗岩大理石涂料施工注意事项

1.施工的基面要干燥，含水率要保证在10%以下，pH值不得超过10。

2.喷涂时要控制好空压机的风压大小、喷嘴口径距离以及距离施工界面的远近，要依据施工的说明，认真调试。

图5-27　花岗岩仿石漆色卡
花岗岩仿石漆拥有丰富的色彩，色卡可以体现该涂料的不同色彩，可作为消费者的主要选购参考。

三、多彩仿石涂料：高抗污性，强附着力

多彩仿石涂料（或称为多彩仿石漆）是由两种或两种以上的水性色粒子悬浮在水性介层中，通过一次喷涂产生多种色彩的用于建筑物外墙的单组分涂料。其采用丙烯酸硅树脂乳液和氟碳树脂乳液作为基料，结合优质的无机颜料和高性能助剂，是经特殊工艺加工而成的水性外墙多彩涂料（图5-28，图5-29）。

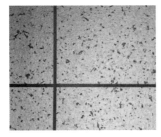

图5-28　多彩仿石漆应用
多彩仿石漆的仿真程度较高，通过一次喷涂，就可以创造出几乎和原石一样的纹理效果，仿真程度可以达到95%。

图5-29　多彩仿石漆色卡
多彩仿石漆弥补了花岗岩成本较高、施工难度大等缺点，其材质感和立体感是普通真石漆无法比拟的，能与真石材相媲美。

1.优点

（1）仿花岗岩效果逼真，展现花岗岩自然颗粒，墙体负荷轻；与传统石材相比，安全，造价低，施工不受建筑物几何形状的限制。

（2）高耐候性，有优越的耐酸、耐碱性，使用寿命长。

（3）附着力强，漆膜厚，有毛面效果，可有效覆盖墙体细小裂纹。

（4）高抗玷污性，经雨水冲刷后可自洁。

2.适用范围

适用于各种建筑外墙（新建、改造），各种建筑内墙，如高级住宅、写字楼、宾馆、别墅，各种装饰板、外墙外保温材料装饰、特殊造型装饰柱等。

Tips　**各类墙面漆注意事项**

1.乳胶漆调色时要提前确定好基准色并选购好调色材料；调色时应注意，所调配的颜色应比预想的色彩要深些，因为乳胶漆涂装完毕干燥后会变浅。

2.真石漆应存放于5～40℃的阴凉干燥处，严防暴晒或霜冻；未开封真石漆常温下可以保存12个月。

3.硅藻涂料墙面具有一定的凸凹感，在施工与使用中难免会受到污染。一般污迹可以用软橡皮、硬橡皮或细砂纸等简单工具清洁即可，不留任何痕迹。

四、仿石涂料对比

仿石涂料对比见表5-5。

表5-5　仿石涂料对比

品种	图示	性能特点	用途	价格
真石涂料		质地浑厚，遮盖力强，具有石材的真实效果，色彩品种丰富，施工较复杂	外墙面、装饰构造涂装	10kg，100～150元/桶
花岗岩仿石涂料		附着力较强，产品稳定性较好，施工后的界面有比较好的保温性，而且安全系数高	外墙面、装饰构造涂装	10kg，90～120元/桶
多彩仿石涂料		造价低，效果逼真，有优越的耐酸碱性、抗玷污性	外墙面、装饰构造涂装	8kg，200～300元/桶

第五节 | 辅料配件

涂料的辅料配件是指在涂刷涂料前所做的基础工作或者涂刷涂料过程中所需要的辅助材料，有了优质的辅料配件以及精湛的施工技术才能把涂料涂刷工作做好。

一、石膏粉：遇水膨胀，结合紧密

石膏粉主要用于修补石膏板吊顶、隔墙填缝，刮平墙面上的线槽，刮平未批过石灰的水泥墙面、墙面裂缝等，能使表面具有防开裂、固化快、硬度高以及易施工等特点（图5-30～图5-32）。

1.优点

（1）**综合性能强**。石膏粉的主要原料是天然二水石膏，又称为生石膏，它具有凝结速度比较快、硬化后具有膨胀性，凝结硬化后孔隙率大、防火性能好，可调节温度和湿度等特点；同时，还具备保湿、隔热、吸声、耐水、抗渗、抗冻等功能。

（2）**与构造结合更紧密**。现代建筑装饰中所用的石膏粉多为改良产品，在传统石膏粉中加入了增稠剂、促凝剂等添加剂，使石膏粉与基层墙体、构造结合更为完美。

2.规格与价格

品牌石膏粉的包装规格一般为每袋5～50kg等多种，可以根据实际用量来进行选购。其中，包装为20kg的品牌石膏粉价格为50～60元/袋，散装普通生石膏粉价格为2～3元/kg。

图5-30　石膏粉包装

优质石膏粉的包装袋做工精致、颜色发白、强度高，编织经纬密集，内部有防潮塑料袋，封口严密；外观印刷清晰，标识齐全。

图5-31　石膏粉

石膏粉通常为白色、无色或者透明色，有的会因为含有杂质而呈现出灰色、浅黄色以及浅褐色等；添水搅拌时要注意沿着一个方向进行搅拌。

图5-32　石膏粉施工

石膏粉经搅拌过后，可使用刮板，提取适量石膏粉，使其均匀涂抹于墙面即可。

二、腻子粉：黏度较大，稳定性高

腻子粉是指在涂料施工之前，对施工界面进行预处理的一种成品填充材料，主要目的是填充施工界面的孔隙并修正施工面的平整度，为获得均匀、平滑的施工界面打好基础

（图5-33，图5-34）。

1.优点

（1）成品腻子，又称为水性腻子，它是根据一定配比，采用机械化方式生产出来的，避免传统施工现场手工配比造成的误差，能有效保证施工质量。

（2）对于彩色墙面，可以采用彩色腻子，即在成品腻子中加入矿物颜料，如铁红、炭黑、铬黄等，有很强的装饰作用。

2.分类

（1）一般型腻子，主要用于不要求耐水的场所，由双飞粉（重质碳酸钙）、淀粉胶、纤维素组成。其中，淀粉胶是一种溶于水的胶，遇水溶化，不耐水，适用于北方干燥地区。

（2）耐水型腻子，主要用于要求耐水、高粘接强度的地区，由双飞粉、灰钙粉、水泥、有机胶粉、保水剂等组成，具耐水性、耐碱性，粘接强度好。

3.规格与价格

腻子粉的品种十分丰富。知名品牌腻子粉的包装规格一般为20kg/袋，价格为50～60元/袋。其他产品的包装一般为5～25kg/袋不等，可以根据实际用量来选购，其中包装为15kg的腻子粉价格为15～30元/袋。

图5-33 成品腻子粉

成品腻子来分一般为粉绿色，而且环保、无毒、无味，不含甲醛、苯、二甲苯以及挥发性有害物。

图5-34 成品腻子粉调色搅拌

成品腻子粉可以在施工现场兑水即用，操作方便，工艺简单，主要应控制好水和腻子粉的比例。

Tips 腻子粉鉴别

1.闻气味。 可以打开包装仔细闻一下腻子粉的气味，优质产品无任何气味，而有异味的一般为伪劣产品。

2.感受触感。 用手拿捏一些腻子粉，感受其干燥程度，优质产品应当特别细腻、干燥，在手中有轻微的灼热感，而冰凉的腻子粉则可能是由于大多受潮的缘故。

3.看所添加的材料。 仔细阅读包装说明，优质产品只需加清水搅拌即可使用；而部分产品的包装说明上要求加入901建筑胶水或白乳胶，则说明这并不是真正的成品腻子。

4.看产品信息。 关注产品包装上的执行标准、重量、生产日期、包装运输或存放注意事项、厂家地址等信息，优质产品的包装信息应当特别完善。

三、901建筑胶水：施工方便，流平性好

901建筑胶水是以聚乙烯醇、水为主要原料，加入尿素、甲醛、盐酸、氢氧化钠等添加剂制成的胶水。 般认为，901建筑胶水中所含甲醛较少，基本处在国家规定的范围以内，相对于传统107胶水与801胶水而言较为环保，这也是目前建筑装饰墙面施工基层处理的主要用料（图5-35～图5-37）。

图5-35 801建筑胶水
主要用于涂料腻子或添加到水泥砂浆或混凝土中，以增强水泥砂浆或混凝土的粘接强度，起到基层与涂料之间的粘接过渡作用；同时，它还用于墙面装饰工程涂刷涂料前的基层处理。

图5-36 901建筑胶水
901建筑胶水的使用频率比较高，环保系数相对其他胶水要好。

图5-37 901建筑胶水调和
901建筑胶水在使用时一定要按照产品说明和所需比例来调和。

1.优点

（1）901建筑胶水是用尿素缩合游离甲醛成脲醛，目的是减少游离甲醛含量，表现为刺激性气味减少。但是，很多厂家的生产设备达不到标准，游离甲醛不会被缩合彻底，而且脲醛很容易被还原成甲醛与尿素。

（2）901建筑胶水主要是在生产工艺上得以进一步提高，传统801建筑胶水的固含量为6%，而901建筑胶水的固含量为4%；在存放、施工过程中，使脲醛不再轻易被还原成甲醛与尿素而污染环境。

2.规格与价格

901建筑胶水的常用包装规格为每桶3kg、10kg、18kg等。常见的18kg桶装产品价格为60～80元/桶，知名品牌产品的价格为120～150元/桶。

四、砂纸：纸质强韧，耐磨耐折

砂纸俗称砂皮，是一种供研磨用的材料，用于研磨金属、木材等表面，以使其光洁平滑，通常在原纸上附着各种研磨砂粒而成。砂纸纸质强韧，耐磨、耐折并有良好的耐水性。

1.海绵砂纸

海绵砂纸适合打磨圆滑部分，各种材料均可。部分建筑装饰材料的最终表面质量与砂

磨工艺有密切关系（图5-38）。

2.干磨砂纸

干磨砂纸具有防堵塞、防静电、柔软性好、耐磨度高等优点，有多种细度可供选择，适于打磨金属表面、腻子和涂层。干磨砂纸一般选用特制牛皮纸和乳胶纸，选用天然和合成树脂作为黏结剂，经过先进的高静电植砂工艺制造而成，具有磨削效率高、不易粘屑等特点，适用于干磨（图5-39）。

3.水磨砂纸

水磨砂纸砂粒之间的间隙较小，磨出的碎末也较小；和水一起使用时，碎末就会随水流出。如果拿水砂纸干磨的话，碎末就会留在砂粒的间隙中，使砂纸表面变光从而达不到其原本应有的效果（图5-40）。

4.无尘网砂纸

P80到P1000的粒度范围可以保证全部无尘打磨作业一次完成。通过高效的吸尘，也从根本上解决了结块的产生（图5-41）。

 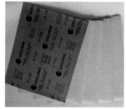  

图5-38　海绵砂纸
海绵砂纸是砂磨工艺的主要工具，生产效率高，被加工物表面质量好，生产成本也较低。

图5-39　干磨砂纸
干磨砂纸是以合成树脂为黏结剂将碳化硅磨料粘接在乳胶之上，并涂以抗静电的涂层以制成高档产品。

图5-40　水磨砂纸
水磨砂纸质感比较细，适合打磨一些纹理较细腻的东西，而且适合后期加工。

图5-41　无尘网砂纸
使用无尘网砂纸打磨，可以将有害微粒由于飘逸所造成的危害降至最低。

Tips　涂料相关辅料注意事项（图5-42～图5-45）

1.腻子粉。腻子粉保存时要注意防水、防潮，存放期为6个月。不同品牌腻子粉不宜在同一施工面上使用，以免引起化学反应或产生色差。

2.901建筑胶水。在施工中，901建筑胶水主要用于配制涂料腻子，也可以添加到水泥砂浆或混凝土中，以增强水泥砂浆或混凝土的粘接强度，起到基层与涂料之间的过渡作用。优质901建筑胶水打开包装后无任何异味，搅拌时黏稠度适中，质地均匀且透彻。

图5-42　双飞粉

双飞粉主要作为填充剂来增加体积，降低成本，无毒，对人体没有伤害，但注意不要吸入粉尘。

图5-43　熟胶粉

熟胶粉能溶于冷水，黏性强且无毒、无味，是一种比较绿色、环保的胶黏剂。

图5-44　袋装建筑胶水

正宗901建筑胶水为桶装产品，其他袋装产品易挥发、易破损，不宜选购。

图5-45　建筑胶水调配

901建筑胶水应在施工现场调配，应按包装说明与其他材料按比例均匀搅拌，一般不宜直接使用。

五、辅料对比

辅料对比见表5-6。

表5-6　辅料对比

品种	图示	性能特点	用途	价格
石膏粉		遇水后具有一定膨胀性，白度高	各类墙面凹陷部位修补	2~3元/kg
腻子粉		黏度较大，稳定性高，可调色彩	墙面乳胶漆、壁纸基层刮涂	20kg，50~60元/袋
901建筑胶水		施工方便，流平性好	调配水泥，配制内墙涂料	18kg，60~80元/桶；品牌，120~150元/桶
砂纸		纸质强韧，耐磨、耐折并有良好的耐水性	研磨金属、木材等表面	1~20元/张

本章小结

　　涂料的环保性一直受到关注，挥发性强的产品在短期内能散发大量有毒物质。因此，在选购环保产品时还要关注产品的挥发性，应当尽量选择能够快速挥发的环保产品。

第六章

软装配饰材料

识读难度： ★ ☆ ☆ ☆ ☆

核心要点： 窗帘、壁纸、地毯、辅料配件

分章导读： 窗帘、壁纸、地毯都是装饰后期的重要材料，除各种涂料外，窗帘、壁纸、地毯最能体现建筑装饰的质感和档次。窗帘、壁纸、地毯（图6-1）的生产原料多样，品种丰富，价格差距很大，选购窗帘、壁纸、地毯时，不仅要根据审美和喜好选择花纹、色彩，还要注意识别质量，注重施工工艺。

图6-1　地毯

第一节 | 装饰帷幕材料

　　窗帘是用布、竹、苇、麻、纱、塑料、金属材料等制作的遮蔽窗户或调节建筑空间内部光照的帘子。在选购窗帘时不仅要注重功能性与美观性，还要选择比较容易清洗的布料，而且窗帘价格跨度比较大，一定要多比较，理性选购。

一、窗帘面料：面料多样，层次感强

　　窗帘布的面料有纯棉、麻、涤纶、真丝，也可以各种原料混织而成。棉质面料质地柔软、手感好；麻质面料垂感好，肌理感强；真丝面料高贵、华丽，它是由100%天然蚕丝构成，其特点为自然、粗犷、飘逸、层次感强；涤纶面料色泽鲜明、不褪色、不缩水（图6-2，图6-3）。

图6-2　窗帘

窗帘能保持空间的私密性，在减光、遮光的同时还能满足人们对光线不同强度的需求，还具备了防风、除尘、隔热、保暖、消声以及防辐射的功能。

图6-3　窗帘布料

不同材质的窗帘面料，价格会有所不同；同时，不同品牌的窗帘布料，价格也会有所不同。在选购时，要依据实际需要来决定选择何种面料。

　　各种窗帘布的价格跨度比较大，国产材料与进口材料可能会相差几十倍，像全棉的印花窗帘布宽幅的零售价一般在60～70元/m；普通麻料在70～80元/m，好一点的为100元/m以上；人造丝的面料价格为60～200元/m不等。窗纱的价格跨度也很大，从10元/米至100元/米都有，进口窗帘布的价格一般均在100元/m以上（图6-4）。

图6-4 帘布料搭配

左：美式简约风格家具宜与提花布、色织布相配，同时还可配以陈设品、植物，两者轻重相伴、刚柔相济、沉稳凝练又不失高雅、大气。

右：儿童房更适合搭配质地轻薄、色泽明亮的印花布料或者纱质布料，可以充分调动线条、色块及几何图形的视觉感受，描绘出生动、简洁且明快的家居氛围。

Tips　窗帘布料选购

1.依据风格、材质选购。 不同风格、材质的木器宜配用不同质地或品种的窗帘，二者搭配，不会显得突兀；搭配合理时，反而会有不一样的视觉效果。

2.依据所需光线量选购。 布料的选择还取决于使用空间对光线的需求量：光线充足，可以选择薄纱、薄棉或丝质的布料；使用空间光线过于充足，就应当选择稍厚的羊毛混纺或织锦缎来做窗帘，以抵挡强光照射；使用空间对光线的要求不是十分严格，一般可选用素面印花棉质或者麻质布料为宜。

3.配合季节选购。 选购窗帘布料的色彩、质料，应配合季节的不同特点：夏季用轻薄、透明柔软的纱或绸，以浅色为佳；冬天宜用质地厚、细密的绒布，颜色暖重，以突出厚密、温暖；春秋季用厚冰丝、仿真丝等为主，色泽以中色为宜；而花布窗帘，活泼明快，四季皆宜。

二、窗帘杆：材质不同，风格有异

窗帘杆的材料以金属和木质为主，材质不同，风格有异，采用范围和搭配风格不太受限制，适用于各种功能的空间中（图6-5～图6-8）。

此外，窗帘杆还可分为明杆和暗杆。明杆就是可以看到杆子颜色和装饰头造型的窗帘杆，它符合现代社会的流行趋势，目前受到越来越多人士的欢迎；暗杆则与明杆相反，往往放在窗帘盒中，人们轻易看不到杆子本身。

图6-5 木质窗帘杆

木质雕琢的窗帘杆头，能够带给人一种十分温润的饱满感，质感也与金属杆头不同。

图6-6　金属窗帘杆

铁艺杆头的艺术窗帘杆，可搭配丝质或纱质的装饰布，能产生一种刚柔反差强烈的对比美。

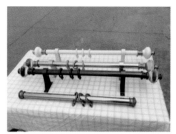

图6-7　铝合金窗帘杆

铝合金窗帘杆颜色单一，铝合金表面皮质包裹时间一长则很容易开胶，承重性能较差，也不耐摩擦。

图6-8　不锈钢窗帘杆

纯不锈钢窗帘杆在众多材质中质量最优，但价格也更贵；而铁制窗帘杆后期表面如果处理不当，很容易掉漆。

Tips　窗帘杆选购

　　1.看窗帘杆的品牌。要选购有品牌、有信誉、有实力，且产品质量和售后服务都有保障的厂家生产的产品，这样装饰效果才会更加突出。

　　2.看窗帘杆的材质。要选择材质坚固、经久耐用的。例如，一般塑料容易老化；木制则容易蛀虫、开裂，长时间悬挂较为厚重的窗帘布则容易弯曲而且拉动窗帘时感觉很涩重。

　　3.看窗帘杆的壁厚。窗帘杆壁厚越薄，杆子的承重力越小，以后在使用过程中越容易出现意外。一般来讲，壁厚越厚越好。

　　4.看风格和颜色的搭配。窗帘杆的选择主要是颜色和风格的选择。应根据建筑装饰和窗帘布的主色彩以搭配不同颜色的窗帘杆。此外，选择的窗帘杆要与整体风格相搭配，使空间整体色彩与美感协调一致。

　　5.看细节方面。可以查看窗帘杆上的螺丝是否太突出，从而影响了窗帘整体的美观；要仔细检查加工工艺，查看其表面是否经过拉丝处理，喷涂的颜色是否均匀等。

三、滑轨：安全稳固，滑动顺畅

　　窗帘滑轨是由滑轨、固定端构成，其特征在于其滑轨截面为凹凸形，固定端为凹形槽，与滑轨固定连接，下端设置吊环（图6-9，图6-10）。

图6-9　窗帘滑轨

　　1.直轨

　　使用比较广泛的是比较直的轨道，安装也比较简单。首先根据窗户大小把轨道的尺寸裁好，然后用螺丝以及配件将轨道固定在顶上，最后将那些小钩钩都装在需要

窗帘轨道主要用于悬挂窗帘，以便窗帘开合；同时，也可以增加使窗帘布艺显得美观的窗帘配件。

安装的窗帘轨道上面，一般应根据布带上面的纱钩数量来确定。

2.弯轨

弯轨的安装方法基本与直轨安装方法是一样的。不过中间要多用几个支架，特别是对于较厚的布艺窗帘，以防脱落。但是到了冬天的时候，这种可以折弯的窗帘轨道在折的时候要小心，以防折断（图6-11，图6-12）。

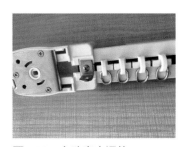

图6-10　电动窗帘滑轨

电动窗帘滑轨主要用于电动窗帘的开合；对于材质的要求更高一些，结构也比普通窗帘滑轨复杂。

图6-11　弯轨轨道

弯轨轨道可以折弯，适用于带拐角的窗户，施工与其他窗帘轨道相比也比较方便。

图6-12　滑轮

滑轮是窗帘滑轨的配件之一，除此之外还有固定件、膨胀螺丝以及封口堵等配件。

四、帷幕材料对比

帷幕材料对比见表6-1。

表6-1　帷幕材料对比

品种	图示	性能特点	用途	价格
窗帘面料		保持空间的私密性，满足不同强度的光线需求，价格跨度较大	遮蔽窗户或调节建筑空间内部光照	45~160元/m
窗帘杆		有多种制作材质，能够搭配不同风格	设置吊环，固定窗帘布	13~800元/m
滑轨		安装便捷，安全稳固，不宜折断	设置吊环，固定窗帘布	20~50元/m

第二节 | 装饰裱糊材料

壁纸是裱糊建筑空间内部墙面的装饰性纸张或布，也可以认为是墙壁装饰的特种纸材。它发源于欧洲，现今在北欧、日本、韩国等国家和地区非常普及，同时壁纸也属于绿色环保材料，不会散发有害人体健康的物质。

一、塑料壁纸：花色繁多，价格低廉

塑料壁纸是目前生产最多、销量最大的壁纸。它是以优质木浆纸为基层，以聚氯乙烯（PVC）塑料为面层，经过印刷、压花、发泡等工序加工而成的。对于塑料壁纸的底纸，要求能耐热、不卷曲，有一定强度，一般为 $80 \sim 150 g/m^2$ 的纸张。

1.优点

塑料壁纸具有一定的伸缩性、韧性、耐磨性与耐酸碱性，抗拉强度高，耐潮湿，吸声隔热，美观大方。施工时应采用涂胶器涂胶，传统手工涂胶很难达到均匀的效果（图6-13，图6-14）。

2.分类

（1）**普通壁纸**。普通壁纸是以 $80 \sim 100 g/m^2$ 的纸张作为基材，涂有 $100 g/m^2$ 左右的PVC塑料，经印花、压花而成。这种壁纸适用面广，价格低廉，是目前最常用的壁纸产品。

（2）**发泡壁纸**。发泡壁纸是以 $100 \sim 150 g/m^2$ 的纸张作为基材，涂有 $300 \sim 400 g/m^2$ 掺有发泡剂的PVC糊状树脂，经印花后再加热发泡而成，是一种具有装饰与吸声功能的壁纸，图案逼真，立体感强，装饰效果好。

（3）**特种壁纸**。特种壁纸通常包括耐水壁纸、阻燃壁纸、彩砂壁纸等多个品种。

图6-13 塑料壁纸
塑料壁纸拥有很好的装饰效果，同时也具备良好的平整性能和粘贴性能，耐光性也很好。

图6-14 塑料壁纸应用
塑料壁纸拥有各种各样的色彩和花纹，应用范围比较广泛。

Tips 塑料壁纸选购

1.选择与建筑空间内部风格相搭配的。只有相搭配的色调，才能传达出整体的美感；而通过鲜艳对比的搭配，也会让空间活泼、有变化，因此壁纸的色系和花样要仔细选择。

2.选择易清理的。壁纸的易清理特性、防积尘和防水性都是需要考虑的因素。例如，可以直接用湿抹布来擦拭壁纸表面的污渍，看其是否容易清理。

二、植绒壁纸：绚丽华贵，效果独特

植绒壁纸可以分为纸类植绒和膜类植绒，它既有植绒布所具有的美感和极佳的消声、防火和耐磨特性，又具有一般装饰壁纸所具有的容易粘贴在建筑物和建筑空间内部墙面的特点。

静电植绒壁纸是采用静电植绒法将合成纤维短绒植于纸基上的新型壁纸，常用于点缀性极强的局部装饰，具备消声、杀菌、耐磨、环保、不掉色、密度均匀以及手感好等特性（图6-15，图6-16）。

图6-15 静电植绒壁纸（一）

静电植绒壁纸具有不耐湿、不耐脏以及不便擦洗等缺点，因此在施工与使用时需注意保洁。

Tips 植绒壁纸鉴别

1.看绒毛长度。绒毛长度合适的才是优质的。

2.看绒毛牢度。可检验绒毛在底纸的附着牢度，可以用指甲扣划以检验牢度。

3.看绒毛密度。绒毛不密不疏的属于优质品。

4.看绒毛质量。尼龙毛优于黏胶毛，三角亮光尼龙毛优于圆的尼龙毛。

图6-16 静电植绒壁纸（二）

静电植绒壁纸还拥有丝绒的质感与手感，不反光，具有一定吸声效果，无气味，不褪色，具有植绒布的美感。

三、壁布：天然环保，容易清洁

壁布实际上是壁纸的另一种形式，同样有着变幻多彩的图案、瑰丽无比的色泽，但在质感上则比壁纸更胜一筹。壁布也被称为墙上的时装，具有较强艺术性与工艺附加值。

1.优点

（1）**天然**。壁布表层材料的基材多为天然物质，无论是提花壁布、纱线壁布，还是无纺布壁布、浮雕壁布，经过特殊处理的表面，其质地都较柔软舒适，而且纹理更加自然。

（2）**环保**。壁布不仅有着与壁纸一样的环保特性，而且更换也很简便，并具有更强的吸声、隔声性能，还可防火、防霉、防蛀，也非常耐擦洗。

（3）**无毒**。

（4）**易清洁**。壁布使用方便，经久耐用，可擦可洗，一般正常使用10年没有问题。

轻微的污迹用湿抹布即可擦掉，而油烟、食品残渣以及钢笔涂鸦等，用抹布或牙刷蘸家用清洁剂即可擦掉。

（5）**价格多样化**。价格方面可以满足不同层次的需要，为10～1000元/m²。

2.分类

（1）**单层壁布**。单层壁布由一层材料编织而成，可为丝绸、化纤、纯棉、布革，其中以一种锦缎壁布最为绚丽多彩（图6-17）。

（2）**复合型壁布**。复合型壁布是由两层以上的材料复合编织而成，分为表面材料和背衬材料。背衬材料又主要有发泡材料和低发泡材料两种（图6-18～图6-19）。

（3）**玻璃纤维壁布**。玻璃纤维壁布防潮性能良好、花样繁多，其中一种浮雕壁布因其特殊的结构，具有良好的透气性而不易滋生霉菌，能够适当地调节建筑空间内部的微气候（图6-20）。

图6-17 单层壁布

单层壁布的花纹是在三种以上颜色的缎纹底上编织而成的，更显雅致。

图6-18 发泡壁布

发泡壁布手感柔软，铺贴在墙上会有一种凹凸感，吸声效果较好。

图6-19 低发泡壁布

低发泡壁布表面有同色彩的凹凸花纹图案，丰富多彩，立体感强，有较强的装饰效果。

图6-20 玻璃纤维壁布

玻璃纤维壁布采用天然石英材料精制而成，集科技、美学和自然属性为一体，能给人一种高贵典雅的感觉。

Tips 壁布鉴别

1.观察。看一看壁布的表面是否存在色差、皱褶和气泡，壁布的图案是否清晰、色彩均匀。

2.擦拭。可以裁一块壁布小样，用湿布擦拭纸面，看看是否有脱色现象。

四、壁纸对比

壁纸对比见表6-2。

表6-2　壁纸对比

品种	图示	性能特点	用途	价格
塑料壁纸		外表光洁、干净，花色品种繁多，抗拉扯力较强，综合性能优越，价格低廉	建筑空间内部墙面铺装	10～30元/m²
静电植绒壁纸		质地绚丽华贵，装饰效果独特，易受潮，纤维易脱落	建筑空间内部墙面局部铺装	30～50元/m²
壁布		天然、环保、无毒、无味、易清洁，柔韧性也较好	建筑空间内部墙面局部铺装	10～1000元/m²

第三节　装饰织物材料

地毯是以棉、麻、毛、丝、草等天然纤维或以合成纤维为原料，经手工或机械工艺进行编结、栽绒或纺织而成的地面铺装材料。广义上的地毯还包括铺垫、坐垫、壁挂、帐幕、鞍褥、门帘、台毯等，在选购地毯时要根据需求来选择不同特性的地毯。

Tips 壁纸、壁布注意事项

1.壁纸。壁纸价格较高，尤其是购买有大型花纹和其他图案的壁纸进行装饰时，应认真计算壁纸的用量。多数壁纸产品都是按卷进行销售，常规壁纸每卷宽度为520mm与750mm两种。此外，还有特殊壁纸需另外计算。每卷壁纸的长度一般为10m或20m。

2.壁纸用量计算方法。计算方式为（建筑空间周长×建筑空间内部高度－门窗、家具面积）÷每卷铺装的平方米数×损耗率。一般标准壁纸每卷可铺装5.2m²，损耗率一般为3%～10%。损耗率的高低与壁纸的花纹大小、壁纸宽度有关。碎花浅色壁纸损耗率较低，为3%；大型图案壁纸损耗率较高，为10%。

3.壁布。壁布要注意选择暖色系且花纹简单、色泽纯净的款式，这样可以使建筑空间更显温暖，给人以安全感，有助于人们松弛紧绷了一天的神经，营造一个舒适的休养生息氛围。

4.壁布的使用数量计算。一般的估算是按照建筑空间内地面使用面积的2.5～3.5倍计算，也可以请专人实地进行测量。

5.壁布施工后的注意事项。刚刚铺装壁布以后的空间应当关闭门窗，阴干处理，这是由于刚铺完壁布的空间立刻通风会导致壁布翘边和起鼓；待壁布铺装结束3d后应该用潮湿的毛巾轻轻擦去壁布接缝处残留的壁布胶；壁布比较耐擦洗，但是不耐钝物的磕碰。如果发现小的表面破损，可用近似颜色的颜料或涂料补救；非凹凸壁布，平日只需用鸡毛掸子清洁即可。

一、纯毛地毯：柔软舒适，档次较高

1.优点

纯羊毛地毯主要原料为粗绵羊毛，毛质细密，弹性较好，受压后能很快恢复原状。它采用天然纤维，不带静电，不易吸尘土，还具有一定的阻燃性，属于高档地面装饰材料（图6-21，图6-22）。

2.缺点

纯毛地毯优点甚多，但是它属于天然材料产品，抗潮湿性相对较差，而且容易发霉和发生虫蛀，影响地毯外观，缩短使用寿命。

3.分类

（1）**手工编织纯毛地毯**。手工编织的纯毛地毯是我国传统纯毛地毯中的高档品，它采用优质绵羊毛纺纱，经过染色后织成图案，再以专用机械平整毯面，最后洗出丝光（图6-23）。

图6-21　纯毛地毯应用

纯毛地毯运用范围比较广泛，与板式家具相搭配，在质感上能给人不一样的感觉。

图6-22　纯毛地毯

纯毛地毯具有图案精美、色泽典雅、不易老化和不易褪色等特点，同时还具备吸声、保暖、脚感舒适等特点。

图6-23　手工编织纯毛地毯

手工编织纯毛地毯具有图案优美、色泽鲜艳、质地厚实、富有弹性、柔软舒适、保温隔热、吸声与隔声性好且经久耐用等特点。

（2）**机织纯毛地毯**。机织纯毛地毯是现代工业发展起来的新品种，机织纯毛地毯具有毯面平整、光泽好、富有弹性、脚感柔软、抗磨耐用等特点，其性能与纯毛手工地毯相似，但价格远低于手工地毯，其回弹性、抗静电、抗老化、耐燃性等都优于化纤地毯。

Tips 纯毛地毯选购

1.看外观。优质的纯毛地毯图案清晰美观，绒面富有光泽，色彩均匀，花纹层次分明，毛绒柔软；而劣质地毯色泽暗淡，图案模糊，毛绒稀疏，容易起球且不耐脏。

2.看原料。优质纯毛地毯的原料一般是由精细羊毛纺织而成，毛长而均匀，十分柔软，富有弹性；劣质地毯的原料混有发霉变质的劣质毛以及腈纶或丙纶纤维等，手摸时无弹性。

3.看脚感。优质纯毛地毯脚感舒适，不粘不滑，回弹性很好，踩后毯面可以立即恢复原样；而劣质地毯的弹力很小，踩后会有倒毛现象，脚感粗糙且常常伴有硬物感觉。

4.看工艺。优质纯毛地毯工艺精湛，毯面平直，纹路有规则；劣质地毯做工粗糙，漏线和露底处较多，重量也明显低于优质品。

二、化纤地毯：硬且单薄，极耐磨损

化纤地毯的出现是为了弥补纯毛地毯价格高、易磨损的缺陷。

1.分类

化纤地毯的种类较多，主要有锦纶地毯、腈纶地毯、丙纶地毯、涤纶地毯等（图6-24，图6-25）。

（1）**锦纶地毯**。锦纶地毯耐磨性好，易清洗、不腐蚀、不虫蛀、不霉变；但易变形，易产生静电。

（2）**腈纶地毯**。腈纶地毯柔软、保暖、弹性好，在低伸长范围内的弹性恢复力接近羊毛，比羊毛质轻，不霉变、不腐蚀、不虫蛀；缺点是耐磨性差。

（3）**丙纶地毯**。丙纶地毯质轻、弹性好、强度高，原料丰富，生产成本低。涤纶地毯耐磨性仅次于锦纶，耐热、耐晒、不霉变、不虫蛀，但染色困难。

2.适用范围

化纤地毯相对纯毛地毯而言，比较粗糙，质地硬，一般可用在走道以及其他人流量较多的空间中，价格很低。

图6-24 化纤地毯

化纤地毯的绒头质量越高，毯面就越丰满，这样的地毯弹性好、耐踩踏、耐磨损且舒适、耐用。

图6-25 化纤地毯台阶铺装

楼梯的人流量比较大，使用化纤地毯可以减少其磨损程度。

三、混纺地毯：柔和舒适，规格多样

混纺地毯是以纯毛纤维与各种合成纤维混纺而成的地毯，因掺有合成纤维，所以价格较低，使用性能有所提高。例如，在羊毛纤维中加入20%的尼龙纤维混纺后，可使地毯的耐磨性提高5倍。

混纺地毯在图案、花色、质地、手感等方面与纯毛地毯相差无几，装饰性能不亚于纯毛地毯，并且价格比纯毛地毯便宜。混纺地毯的品种极多，常以毛纤维与其他合成纤维混纺制成。例如，以80%的羊毛纤维与20%的尼龙纤维混纺，或以70%的羊毛纤维与30%的丙烯酸纤维混纺。混纺地毯价格适中，同时还克服了纯毛地毯不耐虫蛀和易腐蚀等缺点，在弹性与舒适度上又优于化纤地毯（图6-26～图6-29）。

图6-26　混纺地毯

混纺地毯价格适中，性能也比较好，而且表面图案线条圆润、清晰，颜色与颜色之间轮廓鲜明。

图6-27　混纺地毯运用

混纺地毯能够营造一种高贵感和优雅感，可以很好地和其他软装配饰搭配在一起。

图6-28　混纺地毯鉴别（一）

优质的混纺地毯，毯面应该是平整的，线头处也十分紧致，没有明显缺陷。

图6-29　混纺地毯鉴别（二）

可以将混纺地毯平铺在光线明亮处，观察毛毯颜色是否协调，染色均匀的为优质品。

四、剑麻地毯：质地硬朗，纹理朴素

剑麻地毯属于植物纤维地毯，是以剑麻纤维为原料，经纺纱编织、涂胶及硫化等工序制成。产品分为素色与染色两种，有斜纹、鱼骨纹、帆布平纹等多种花色。下面介绍剑麻地毯的优点（图6-30～图6-32）。

1.综合性能强

剑麻地毯纤维是从龙舌兰植物叶片中抽取，有易纺织、色泽洁白、质地坚韧、强力大与耐酸碱、耐腐蚀、不易打滑等特点。

2.经济、实用

剑麻地毯与羊毛地毯相比更为经济实用。但是，剑麻地毯的弹性与其他地毯相比，就要略逊一筹，手感也较为粗糙。

图6-30 剑麻地毯

剑麻地毯是一种全天然的产品，可随环境变化而吸湿，也可调节环境。

图6-31 剑麻地毯运用

剑麻地毯用于地面铺装时，要避免与明火接触，否则容易燃烧。

图6-32 优质的剑麻地毯

剑麻地毯还具有节能、可降解、防虫蛀、阻燃、防静电、高弹性、吸声、隔热以及耐磨损等优点。

3.可调节环境

剑麻地毯纤维中含有水分，可以随环境变化放出水分来调节环境和空气温度。

五、地毯对比

地毯对比见表6-3。

表6-3　地毯对比

品种	图示	性能特点	用途	价格
纯毛地毯		质地真实、柔软、平和，舒适性好，档次高，价格昂贵	建筑空间地面局部铺装	800元/m² 以上
化纤地毯		质地平和，较硬，较单薄，耐磨损，花色品种多，价格低廉	建筑空间地面整体或局部铺装	100元/m² 以下
混纺地毯		品种、规格多样，柔和舒适，价格较高	建筑空间地面整体或局部铺装	300~800元/m²
剑麻地毯		质地硬朗，舒适凉爽，纹理朴素，有宽厚包边，价格适中	建筑空间地面局部铺装	200~500元/m²

第四节 | 辅料配件

一、基膜：防潮防霉，黏性强

基膜是一种专业抗碱、防潮、防霉的墙面处理材料，也被称为防潮膜，能有效防止施工基面的潮气及碱性物质外渗（图6-33～图6-35）。

1.优点

（1）专业防潮膜是由水性高分子材料研制而成，对人体无害，无不良气体挥发。

（2）比起使用传统油性醇酸清漆来说，基膜可有效保护建筑空间内部环境。

（3）防潮膜采用了弹性高分子材料，能在墙体出现微裂缝的情况下，有效保护墙面。

2.适用范围

化纤地毯相对纯毛地毯而言，比较粗糙，质地硬，一般可用在过道以及其他人流量较多的空间中，价格很低。

（1）墙纸、墙布、装饰板材基面的隔潮防霉。防潮膜可配套墙纸、墙布、高档装饰板材使用，能有效防止施工基面的潮气及碱性物质外渗，可在施工基面喷或刷1～2道，再铺设墙纸、三合板等。

（2）内墙防潮以及地面防潮。卫生间、厨房在铲除霉烂、松软起壳层至基底后，用防水砂浆刮抹平后喷、刷二遍防潮膜再铺设面砖或地砖，可有效防止渗水和隔潮。

（3）水泥地面铺木地板的隔潮。水泥地面收干，钉上木格栅后喷、刷二遍防潮膜，能有效防止地板受潮。

3.使用注意事项

（1）施工面积一般应为每升原液可兑水60%～80%，施工面积为20～25 m^2。

（2）运输及存放时应按非危险品存放及运输，应存放于0～40℃的干燥室内。

图6-33 基膜
基膜能避免对墙体装饰材料，如墙纸、涂料层、胶合板以及装饰板等产生返潮、发霉、发黑等不良损害。

图6-34 基膜液体
基膜呈白色液体状，有一定黏稠度的为优质基膜，一般用于壁纸铺贴前的墙体基层处理。

图6-35 中国环境标志产品认证
通过中国环境标志产品认证的是合格的基膜产品，质量有保证而且健康、环保。

Tips 基膜的鉴别与选购

1.看基膜流动性。可以打开基膜的瓶盖，观察基膜的光泽和流动性是否良好：如果基膜的光泽好、透明、流动性好，这就说明基膜的质量比较好；劣质的基膜则相反。

2.检验基膜的黏度。可以用手蘸原液，优质基膜具有一定的黏性；而劣质基膜的原液黏性比较差或没有黏性。

3.检验防水性。可以将基膜小面积地均匀倒在瓷砖或玻璃上，待24h干透后，在基膜膜层滴入少量水进行擦拭。劣质基膜易与水融合，膜层松散；而优质基膜可以有效防水，膜层完好如初。

4.检验牢固性。可以小面积地用基膜试刷墙面。劣质的基膜，撕掉墙纸后墙面基层直接被带起；而优质的基膜，墙面撕掉墙纸后基层依旧牢固，纸基干净。

二、壁纸胶：环保无害，粘接力强

壁纸胶是一种用来粘接墙纸的胶类制品，保证墙纸的粘接性和使用寿命是其基本功能，同时还应要求产品环保无害。

1.分类

（**1**）**糯米胶**（图6-36，图6-37）。糯米胶是目前性价比较高的一款壁纸胶，广泛用于建筑空间内部墙纸铺贴。优质糯米胶现已达到可食用级别。

（**2**）**功能胶**。功能胶主要包括防霉胶、柏宁胶等，能够有针对性解决墙纸施工难题。优质功能胶环保性也达到国家绿色认证并且无需兑水，可直接使用。

（**3**）**胶粉**（图6-38，图6-39）。胶粉一般用于工程墙纸铺贴，环保性较好，但是调配复杂，比例不好掌握。

图6-36 糯米胶	图6-37 糯米胶调和	图6-38 胶粉	图6-39 胶粉外包装
糯米胶适用于各种墙纸及墙布的粘接，尤其适用于粘接金属类特殊墙纸。	糯米胶兑水后即可使用。一般呈现白色固体状且黏性好，施工便利。	胶粉一般呈现白色粉片状，调配融合后可用于墙面壁纸铺贴，牢固性比较强。	胶粉一般由具有防水性能的无纺布包装而成，包装上会注明相关的产品信息。

2.后期检查

壁纸铺贴完成后需要完成一系列检查工作，包括查看接缝处以及表面平整度等（图6-40，图6-41）。

3.后期补救

（1）**接缝松开**。如果壁纸出现接缝松开的情况，可以用刀子挑起接缝，从细缝注入胶水，用刮板刮平整，擦去多余胶水。

图6-40 壁纸接缝

壁纸铺贴完成后，应当仔细查看壁纸接缝处是否对齐，是否有翘边现象。

图6-41 褶痕

壁纸铺贴完成后，还需要检查壁纸内部是否存在气泡，是否存在褶痕等。

（2）**气泡**。如果壁纸内部存在气泡，可以用美工刀切开，在开口处注入胶水并刮抹到平整，擦去多余胶水。

（3）**起褶痕**。如果壁纸起了褶痕，可以用美工刀切开褶痕，加上胶水，用辊子平整。

三、万能胶：涂胶容易，牢固耐久

万能胶为无色透明溶液，易溶于水，在建筑业有广泛应用，如用于粘接瓷砖、壁纸、外墙饰面等。新型万能胶具有涂胶容易、固化较快、初黏力大、牢固耐久以及气味小等特点，正确使用不会影响人体健康。

1.分类

（1）**氯丁无苯万能胶**（图6-42）。氯丁无苯万能胶是一种应用于建筑装饰行业的万能胶，使用性能好，在$-22\sim25℃$的情况下也不冻结，气味小、涂刷省力、粘接力强且快干省时、无苯低毒和阻燃。

（2）**环保型喷刷万能胶**（图6-43）。环保型喷刷万能胶无毒、环保，黏度低，能用喷枪喷涂，省胶且大幅提高施工效率。

（3）**溶剂油型无苯毒快干万能胶**（图6-44）。溶剂油型无苯毒快干万能胶是无苯毒、无卤烃类的胶黏剂，符合国家要求标准，不怕水泡；耐酸、碱，粘接强度很高，干得快，节省施工工时。

（4）**特级万能胶**（图6-45）。特级万能胶是属于低毒万能胶的绿色产品，也是一种无苯低毒万能胶。

图6-42 氯丁无苯万能胶

氯丁无苯万能胶粘接广泛，可适用于各种板材、防火板及金属板，还可用于皮革、橡胶、塑料等行业，抗老化性比一般万能胶要好。

图6-43 环保型喷刷万能胶

环保型喷刷万能胶因其环保性能较高，各方面性能也十分不错，目前在市场上的应用频率也较高。

（5）**水性防腐万能胶**（图6-46）。水性防腐万能胶具有防腐蚀功能，能用水调和。

（6）**环保型建筑防水万能胶**（图6-47）。环保型建筑防水万能胶是属于一种绿色环保型的强力建筑防水多功能胶，具有无毒害、粘接力强等特点且有极佳的防水性和渗透性。

2.使用注意事项

（1）**万能胶存放**。万能胶应该存放在阴凉、干爽且远离儿童的地方，勿让阳光直接照射。气温过高、密封性不好或暴露时间长，导致溶剂挥发后将造成黏度过大，无法施工。若发生黏度过大现象，可用甲苯、乙酸乙酯、丁酮或丙酮冲稀，搅拌均匀后继续使用。

（2）**万能胶去除方法**。可以用电吹风机吹一会，软了以后撕下来，然后以干布蘸小苏打水弄干净。

（3）**去除胶纸撕去后留下的污垢**。有三种方法：第一种方法可以用纸巾蘸一些酒精，最好用工业酒精擦拭；第二种方法可以用丙酮，丙酮用量少且彻底，比酒精更好用；第三种方法可以用洗甲水，用法和酒精、丙酮一样。

图6-44 溶剂油型无苯毒快干万能胶

溶剂油型无苯毒快干万能胶耐酸、碱，粘接强度很高，干得快，节省施工工时。

图6-45 特级万能胶

特级万能胶和其他万能胶一样，广泛应用于建筑装饰中，价格因品牌而有所不同。

图6-46 水性防腐万能胶

水性防腐万能胶是一种性能优良且适用范围广的万能胶，粘接力强，使用寿命可达10年以上。

图6-47 环保型建筑防水万能胶

环保型建筑防水万能胶有易施工、经济价廉等优点。

四、倒刺板：规格多样，经久耐用

倒刺板在不同地方可能有不同叫法，一般称为倒刺钉板条。因为它是条状的，所以也有人称其为钉条。顾名思义，就是有钉子的木板条（图6-48，图6-49）。

图6-48 铝合金倒刺板

铝合金倒刺板使用年限较长，使用时要注意戴手套，以防划伤。

图6-49 木质倒刺条

木质倒刺条同样也属于倒刺板的一种，使用时要对准倒刺条。

1.规格

根据不同材质的地毯和不同的铺设场合，可以有很多规格，一般是1200mm长、24mm宽、6mm厚。

2.使用注意事项

（1）倒刺板是三合板裁成条，再在其上斜向钉两排钉。排钉的间距为35～40mm。

（2）再在相反的一面钉若干个高强度水泥钢钉并均匀分布在整个木条上。水泥钢钉间距约400mm，距两端各约100mm。

（3）将钉条钉到水泥地上，使有斜钉的一面朝上且钉尖向墙面指向，不要指向地面；然后，再在其上铺设地毯，这样地毯就不会倒翻、卷边、起皱和移位。

五、辅料配件对比

辅料配件对比见表6-4。

表6-4　辅料配件对比

品种	图示	性能特点	用途	价格
基膜		健康环保，无毒无害，能有效防止施工基面的潮气及碱性物质外渗	适用于墙纸、墙布、装饰板材基面防潮	1kg，18～400元
壁纸胶		性价比较高并且施工便利，黏度高	适用于墙纸、墙布、装饰板材基面防潮	2kg，50元
万能胶		涂胶容易、固化较快、初黏力大、牢固耐久以及气味小；正确使用不会影响人体健康	广泛应用于建筑业	环保型万能胶，680mL，22～25元
倒刺板	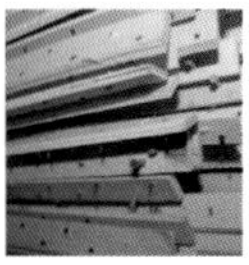	固定牢靠，不移位	适用于不同材质的地毯和不同的铺设场合	1.5元/m

本章小结

　　软装配饰材料可以为装饰空间增光增彩，无论是窗帘还是地毯，选择质量上乘的最为重要；同时，还要考虑风格搭配的问题，只有这样整体空间才能具备更好的装饰效果，装饰的价值才能体现得淋漓尽致。

第七章

水电工程配件与制品

识读难度： ★ ★ ★ ☆ ☆

核心要点： 洁具、灯具、辅料配件

分章导读： 洁具和灯具是建筑装饰中不可或缺的重要部分，既要求功能完善，又要求美观实用。洁具主要包括卫生间的各种配件。灯具则由于建筑空间各个地方需求的不同，对应有不同款式，灯具应用（图7-1）有很多应用场合。洁具和灯具的选购可以体现用户的审美水平，根据风格选择洁具和灯具是必须要做的功课。

图7-1　灯具应用

第一节 | 家用洁具

　　卫生洁具是现代建筑装饰中不可缺少的重要组成部分，既要满足功能使用，又要考虑节能、节水要求。卫生器具的材质主要是陶瓷、铸铁搪瓷、钢板搪瓷等。卫生洁具的五金配件也由一般的镀铬表面发展到全铝合金、不锈钢等多种材料，以获得更美观的视觉效果。

一、洗面盆：形态多样，容易清理

　　洗面盆是卫生间必备洁具，其种类、款式、造型非常丰富，洗面盆可以分为台盆、挂盆、柱盆；而台盆又可分为台上盆、台下盆、半嵌入式盆（图7-2）。

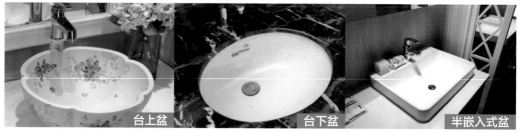

图7-2　台盆

台上盆的整个主体部分是在台面之上；台下盆的整个台盆是在台面之下；半嵌入式洗面盆体积较小，这类结构的面盆比较节省空间。

1.分类

　　（1）**陶瓷洗面盆**（图7-3）。陶瓷洗面盆一直是市场的首选，经济实惠；现代新产品的完美造型，也使陶瓷洗面盆不乏个性。

　　（2）**不锈钢洗面盆**（图7-4）。不锈钢洗面盆与卫生间内其他钢质浴室配件一起，能烘托出特有的现代感。市场上销售不锈钢面盆的厂家并不多且价格偏贵，其突出优点就是容易清洁。

　　（3）**玻璃洗面盆**（图7-5）。玻璃洗面盆晶莹透明，款式新颖，可以与洗面台连为一体。玻璃洗面盆的清洁保养与普通陶瓷面盆没有太多区别，只是应注意不要用重物撞击或锐器重划即可。

图7-3　陶瓷洗面盆

陶瓷洗面盆与不锈钢、玻璃以及石材洗面盆相比，价格要优惠很多。

图7-4　不锈钢洗面盆

不锈钢洗面盆硬度较高，不易破裂，防锈性能也不错，但样式不太美观。

图7-5　玻璃洗面盆

玻璃洗面盆的盆壁厚度有较多规格，主要有12mm、15mm以及19mm等。

2.选购

在选购洗面盆时应根据卫生间环境来确定洗面盆的款式：卫生间面积较小时，一般可选购立柱面盆；卫生间较大时，可以选购台盆并自制配套台面，但目前比较流行的是厂家预制生产的成品台面、浴室柜及配套产品，造型美观，方便适用（图7-6，图7-7）。

3.鉴别

（1）对于销量最大的陶瓷洗面盆而言，最重要的是应注意陶瓷釉面质量。优质产品的釉面不容易挂脏，表面易清洁，长期使用仍光亮如新。

（2）选购时可以在充足的光线下，从陶瓷的侧面多角度观察，优质产品的釉面应没有色斑、针孔、砂眼、气泡，表面非常光滑。

（3）吸水率也是陶瓷洗面盆的重要指标，吸水率越低的产品质量越好。低档产品吸水后的陶瓷会产生膨胀，容易使陶瓷釉面产生龟裂。脏物与异味容易吸入陶瓷，一般吸水率小于3%的产品为高档陶瓷洗面盆。

（4）可以在陶瓷洗面盆表面滴上酱油等有色液体，待30min后擦拭；也可以用360#砂纸在表面打磨，优质产品表面均无任何痕迹（图7-8，图7-9）。

图7-6　立柱面盆　立柱面盆设计比较简洁，外观给人一种干净、舒适的感觉，设计也符合人体舒适要求。

图7-7　台上盆　台盆可以分为台上盆和台下盆两种。两者所选的台盆柜尺寸也有所不同，而且一般台上盆比较占空间。

图7-8　酱油测试　在洗面盆上倒上少量酱油。一般劣质洗面盆容易吸入脏物与异味，优质陶瓷洗面盆吸水率会小于3%。

图7-9　砂纸打磨　选用适量砂纸轻轻摩擦陶瓷洗面盆的表面，摩擦一会后，查看表面有无明显痕迹。

二、淋浴花洒：节水设计，出水舒适

淋浴花洒又被称为淋浴喷头，是淋浴器最主要的组成部分。现在市面上的花洒样式越来越多，功能也越来越多（图7-10～图7-12）。下面主要介绍淋浴花洒的鉴别方法。

1.看材质

（1）镀层。 在卫生间等比较潮湿的环境中，花洒外表如果不经过电镀处理就会影响本身的材质，但同样是电镀，工艺处置差异也大有不同。

（2）管体。 优质的管体在潮湿环境使用时也不会变黑，出现起泡等现象。有一些商家会用铸铁管冒充全铜管。可以通过敲管体来进行辨别：全铜管的敲击声音洪亮；铸铁管

图7-10 淋浴花洒

淋浴花洒种类繁多，随着科技进步逐渐出现了吊顶式淋浴花洒和多功能淋浴花洒。

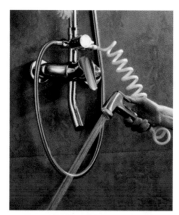

图7-11 花洒喷头

在光线充足的情况下，花洒龙头表面应该黑亮如镜，无任何氧化斑点和烧焦痕迹。

图7-12 淋浴配件

优质花洒淋浴配件的管体应该是采用全铜质地并且外表要经过打磨、抛光、除尘、镀镍、镀铬等工艺。

的敲击声音小而发闷。

（3）**阀芯**。好的阀芯会采用硬度极高的陶瓷制成，顺滑、耐磨，杜绝滴漏。选购时应当动手扭动开关试一试。如果手感较差，最好不要购买。

2.看配件

（1）**使用舒适度**。花洒配件会直接影响到其使用的舒适度，需要格外留意。

（2）**配件灵活度**。查看水管和升降杆是否灵活，花洒软管抗屈能力如何，花洒连接处是否设有防扭缠的滚球轴承，升降杆上是否有旋转控制器等。

（3）**出水率**。选择花洒一定要看出水。设计良好的花洒能保证每个喷孔分配的水量都基本相同。挑选时让花洒倾斜出水，如果顶部的喷孔出水明显小或者没有，则说明花洒的内部设计很一般。

3.看节水功能

节水功能是选购花洒需要考虑的重点。有些花洒采用钢球阀芯并配以调节热水控制器：可以调节热水进入混水槽的流入量，从而使热水迅速、准确地流出。这类设计比较合理的花洒可比普通花洒节水50%。

三、淋浴房：节能环保，安装方便

淋浴房又称淋浴隔间，是充分利用建筑空间内部一角，用围屏将淋浴范围清晰地划分出来，形成相对独立的洗浴空间。

1.分类

淋浴房按形式可分为转角形状淋浴房、一字形状淋浴房、圆弧形状淋浴房、浴缸上淋浴房等；按底盘的形状分为方形、全圆形、扇形、钻石形淋浴房等；按门结构分为扇形、移门、折叠门以及平开门淋浴房等（图7-13～图7-16）。

2.淋浴房规格与价格

目前市场上比较流行整体淋浴房，带蒸汽功能的整体淋浴房也被简称为蒸汽房。与传统淋浴房相比，整体淋浴房由顶盖、围屏、盆底等组成，款式丰富，其底盆质地有陶瓷、亚克力、人造石等，底坎或底盆上安装塑料或钢化玻璃（图7-17～图7-20）。

图7-13　扇形淋浴房

扇形淋浴房是目前使用频率较高的一种淋浴房，样式也比较美观。

图7-14　移门淋浴房

移门淋浴房开合比较方便，适用于空间面积较小的卫生间中。

图7-15　折叠门淋浴房

折叠门淋浴房比较少见，通常采用硬度比较高的材料来制作框架。

图7-16　平开门淋浴房

平开门淋浴房一般在旅店中比较常见，设计比较简单，款式单一。

图7-17　整体淋浴房

普通淋浴房的价格为2000～5000元/件。整体淋浴房价格很高，甚至高达2万元/件。

图7-18　淋浴房鉴别（一）

拥有3C认证标志的淋浴房可证明其各项指标均达标，属于优质品，可放心使用。

图7-19　淋浴房鉴别（二）

轻触淋浴房框架，有光滑感、不扎手的为优质淋浴房。

图7-20　淋浴房鉴别（三）

淋浴房滑轮与轨道要配合紧密，缝隙小。在受到外力撞击时不容易脱落，能有效避免安全事故。

Tips　**淋浴房鉴别**

1.看铝材厚度。淋浴房铝材需要支撑玻璃的重量，合格的淋浴房铝材厚度均在1.5mm以上。铝材的硬度可以通过手压铝框测试，成人很难用手压使其变形；而回收的废旧铝材表面的处理光滑度不够，会有明显色差与砂眼，特别是剖面的光洁度也会不佳。

2.观察连墙配件的调节功能。墙体的倾斜与安装的偏移会导致玻璃发生扭曲，从而发生玻璃自爆现象。因此，连墙配件要有纵横方向的调整功能，让铝材配合和修正墙体与安装的扭曲、玻璃的扭曲，避免玻璃发生自爆。

3.观察淋浴房的水密性。主要观察的部位是淋浴房与墙的连接处、门与门的接缝处、合页处、淋浴房与底盆的连接处、胶条处等。此外，购买带蒸汽功能的淋浴房时应关注蒸汽机与电脑控制板的质量，在购买时一定要问清蒸汽机与电脑芯片的保修时间。

四、浴缸：用水量大，价格较高

浴缸是安装在卫生间的洗浴设备，一般应放置在面积较大的卫生间内，靠墙角布置，洗浴时需要注入大量水。

1.种类

（1）亚克力浴缸（图7-21）。亚克力浴缸采用合成材料制造，特点是造型丰富，重量轻，表面光洁度好而且价格低廉。

（2）铸铁浴缸（图7-22）。铸铁浴缸采用铸铁制造，表面覆搪瓷，所以自重较大，使用时不易产生噪声，便于清洁。

（3）木质浴缸（图7-23）。木质浴缸常选用木质硬、密度大、防腐性能佳的材质，如云杉、橡木、松木、香柏木等，一般以香柏木最常见。木质浴缸具有容易清洗、不带静电、天然环保等优点。

（4）钢板浴缸（图7-24）。钢板浴缸是由整块

图7-21 亚克力浴缸

亚克力浴缸耐高温能力差，不耐磨，表面易老化，但整体而言，性价比较高。

图7-22 铸铁浴缸

铸铁浴缸由于铸造过程比较复杂，自重较大，所以造型比较单一且价格较贵。

图7-23 木质浴缸

木质浴缸喜湿怕干，使用时要经常用清水浸润，避免暴晒。

图7-24 钢板浴缸

钢板浴缸保温效果差，注水时噪声大，造型较单调，但使用寿命长。

2～3mm厚的专用钢板经冲压成形，表面再经搪瓷处理。它具有耐磨、耐热、耐压等特点，保温效果低于铸铁浴缸，整体性价比较高。

2.规格

浴缸布置形式有搁置式、嵌入式、半下沉式3种。

（1）搁置式浴缸（图7-25）。搁置式浴缸一般将浴缸靠墙角搁置，施工方便，容易检修，适用于地面已装修完毕的卫生间。

（2）嵌入式浴缸（图7-26）。嵌入式浴缸是将浴缸嵌入台面，台面有利于放置各种洗浴用品，但占用空间较大。

（3）半下沉式浴缸（图7-27）。半下沉式浴缸是将浴缸的一部分埋入地下或带台阶的高台中，浴缸上表面比卫生间地面或台面高约300mm，使用时出入方便。

图7-25　搁置式浴缸
一般为独立式，直接搁置在卫浴间即可，具有独特效果，多用于别墅、高档酒店内。

图7-26　嵌入式浴缸
嵌入式浴缸需要砌台，款式和形状受限，而且出现问题后难以维修。

图7-27　半下沉式浴缸
这种浴缸不需要砌台和裙边，直接嵌入地下，占用空间面积较大，而且价格贵；安装时要预留排水通道，否则很难清洗

3.鉴别

（1）观察表面。注意产品的光泽度，抚摸表面平滑度，通过表面光泽了解材质的优劣，适合于任何一种材质浴缸。劣质产品表面会出现细微的波纹。

（2）看尺寸。注意浴缸尺寸与卫生间面积是否匹配，同时也应与使用者的身高相适应。浴缸长度一般应大于1350mm。

图7-28　按压浴缸
手部按压浴缸底部，身体前倾，给予一定重力，出现下沉情况则为劣质浴缸。

图7-29　敲击浴缸
轻敲浴缸，声音清脆的为优质浴缸，使用寿命也比较长；而声音沉闷的则为劣质浴缸。

（3）看承重力。可以按压浴缸，浴缸的坚固度关系到材料的质量与厚度。在有重力的情况下，如用力按压浴缸表面时，应查看是否有下沉的感觉（图7-28）。

（4）敲击浴缸。仔细听声音，优质产品应干脆、硬朗。对于按摩浴缸，可以接通电源，仔细听电动机的噪声是否过大（图7-29）。

Tips　淋浴房注意事项

　　1.合格的淋浴房均采用钢化玻璃。如果使用普通玻璃制作淋浴房，玻璃一旦损坏，玻璃破片呈大面积、大体积破片，对人体会造成极大伤害。

　　2.淋浴房玻璃需要五金件夹固。半钢化玻璃由于坚固度明显下降，不但不能降低自爆率，反而在五金件的紧固作用下会增加自爆的可能（图7-28，图7-29）。

五、坐便器：安装方便，防污性好

　　坐便器是指使用时以人体取坐式为特点的便器，坐便器一般为陶瓷制品。坐便器外观呈封闭结构，安装后造型美观，具有很高的卫生保洁功能，是现代卫生间装饰的首选产品。

1.种类

　　坐便器价格差距很大，中档产品一般为800~1200元/件。根据工作原理，坐便器有以下两种。

　　（1）直冲式坐便器（图7-30）。直冲式坐便器是利用水流的冲力来排冲，一般池壁较陡，存水面积较小，这样可使水力集中，便圈周围落下的水力加大，冲污效率高。

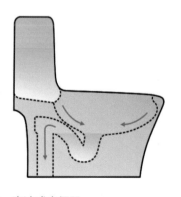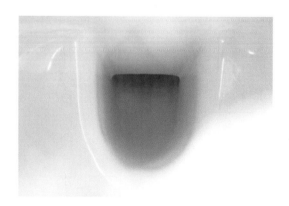

图7-30　直冲式坐便器

左：直冲式坐便器冲水管路简单，路径短，管径粗，主要是利用水的重力加速度来达到排冲干净的目的。

右：直冲式坐便器构造单一，最大的缺陷就是冲水噪声大。另外，由于存水面较小，易结垢，防臭功能不好。

（2）**虹吸式坐便器**（图7-31）。虹吸式坐便器分为漩涡式虹吸、喷射式虹吸两种。漩涡式虹吸坐便器的水口设于坐便器底部的一侧，冲水时水流沿池壁形成漩涡，加大了水流对池壁的冲洗力度，更利于冲排。喷射式虹吸坐便器是在底部增加一个喷射口，对准排污口中心，冲水时部分水从便圈周围的布水孔流出，部分由喷射口喷出，产生较大水流冲力，达到更好的冲排效果。

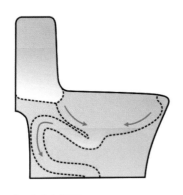 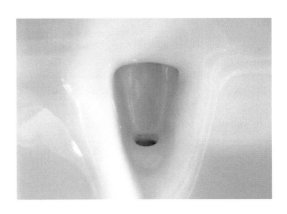

图7-31　虹吸式坐便器

左：虹吸式坐便器在排水管道充满水后会产生一定的水位差，然后借冲洗水在便器排污管内产生的吸力，以此达到排冲的目的。

右：虹吸式坐便器的结构是排水管道呈横向S形弯管。由于虹吸式坐便器池存水面积增大，因而冲水噪声相对其他坐便器要小。

2.虹吸式坐便器优点

虹吸式坐便器的最大优点就是冲水噪声小，防臭效果优于直冲式；缺点是要具备一定水量才可达到冲净的目的，每次至少要用8～9L水，比较费水。此外，虹吸式坐便器拥有自己独特的冲水构造，上下一体的排水结构使得水的冲洗力度更大，排冲更便捷。

Tips　坐便器选购

1.看节水效果。应选择节水效果较好的产品，市场上的坐便器冲水量一般为10L左右。建议选用冲洗量为6L的节水型坐便器，一般以虹吸式坐便器为主。

2.看尺寸配合度。购买前要确定安装尺寸，要预先测量下水口中心距毛坯墙面的距离，一般以300mm与400mm两种尺寸为主。

六、蹲便器: 外观不佳，价格低廉

蹲便器是指使用时以人体取蹲式为特点的便器。蹲便器一般为陶瓷制品，结构简单、价格低廉（图7-32）。

1.结构与价格

蹲便器结构有存水弯与无存水弯两种。有存水弯构造蹲便器是利用横向S形弯管，造成水封构造，防止排水管中的气体倒流；带存水弯构造的蹲便器价格较高，安装时要在底部预留管道布设空间，其高度一般应大于200mm。蹲便器价格一般为60～200元/件。

2.选购

（1）看表面（图7-33）。触摸产品表面，优质蹲便器表面的釉面与坯体都比较细腻。低档蹲便器在手电筒照射下，会发现有毛孔，釉面与坯体都比较粗糙。

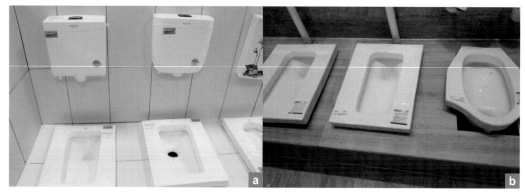

图7-32　蹲便器
蹲便器在装修中主要用于公共卫生间，选购时一般还需购置配套水箱。

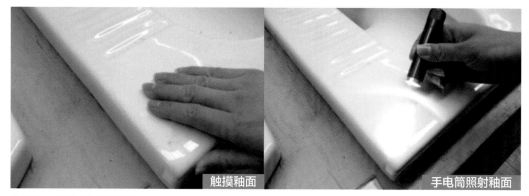

触摸釉面　　　　　　　手电筒照射釉面

图7-33　观察蹲便器表面
左：手触摸蹲便器表面，感受表面是否存在凹凸不平的感觉，而且一般低档蹲便器的釉面比较暗。
右：在一定的光线条件下，使用手电筒照射蹲便器的釉面，釉面灰暗、有黑点的为劣质品。

（2）**测量尺寸**（图7-34）。可以用卷尺测量宽度是否一致，也可以掂量重量：优质蹲便器一般会采用高温陶瓷，材料结构致密，重量较大；而低档蹲便器重量较轻。

（3）**检查吸水率**。将酱油等有色液体滴落在蹲便器坯体表面：优质蹲便器应不易吸液体，因此不会发生釉面龟裂或局部漏水现象；而低档产品容易吸液体。

（4）**检验平整度**（图7-35，图7-36）。购买时要关注蹲便器的背部坯体平整度。

图7-34　测量尺寸	图7-35　背部坯体	图7-36　安装平整
可使用卷尺测量蹲便器的平面宽度是否和标签上所标明的信息一致。	购买时需要仔细查看蹲便器背部的平整度和光泽度，优质蹲便器不会有凹凸现象。	蹲便器安装时，要用水平尺校正平整，这是影响冲水后是否干净的最大因素。

七、洁具对比

洁具对比见表7-1。

表7-1　洁具对比

品种	图示	性能特点	用途	价格
洗面盆		陶瓷制品表面光洁，容易清理，形态多样，自重较大，不便安装，价格适中	卫生间盥洗面	单件500~1000元/件；成套2000元/套以上
淋浴房		形态多样，门类丰富，安装方便，节能环保，价格较高	卫生间洗浴	普通2000~5000元/套；整体微电脑淋浴房20000元/套
浴缸		形态多样，材质多样，体积大，不便安装，用水量大，价格较高	卫生间洗浴	普通2000~3000元/件；微电脑按摩浴缸5000元/件以上

续表

品种	图示	性能特点	用途	价格
坐便器		陶瓷制品表面光洁，容易清理，形态多样，自重较大，安装方便，防污性好，价格较高	卫生间排便	800~1200元/件
蹲便器		陶瓷制品表面光洁，容易清理，形态有变化，外观不佳，安装方便，价格低廉	卫生间排便	60~200元/件

第二节 | 照明灯具

灯具不仅是装饰性产品，更是实用性产品。在选购电路线材的同时，往往会考虑灯具。在装饰前应该预先规划好灯具的布局与种类，列出采购清单，配合电路线材一同采购。

一、荧光灯：节能环保，发光柔和

荧光灯又被称为低压汞灯，它是利用低气压的汞蒸气在放电过程中辐射紫外线，从而使荧光粉发出可见光的原理发光。

1.分类

从外形上主要可以分为条形荧光灯、U形荧光灯以及环形荧光灯等。由于不同荧光粉发出的光线不同，因此，荧光灯有白色与彩色等多种产品。荧光灯的发光效率远比白炽灯和卤素灯高，是节能的环保光源（图7-37～图7-39）。

图7-37　条形荧光灯
不同品牌的条形荧光灯价格也不一样。

图7-38　U形荧光灯
U形荧光灯发光效果比较好，光照度也比较适宜。

图7-39　环形荧光灯
环形荧光灯有粗管和细管之分。粗管直径大约为30mm，细管直径大约为16mm；还可分为使用电感镇流器和电子镇流器两种。

2.规格和价格

条形荧光灯主要分为T2、T3、T4、T5、T6、T8、T10、T12等多种型号，其功率从6～125W不等。其中长600mm的T4型荧光灯管价格为15～20元/个。

3.注意事项

安装荧光灯时，灯具带电体不能外露，装入灯座后，人的手指不应触及带电金属灯头（图7-40）。

图7-40　荧光灯安装

如果荧光灯安装在易燃部位，一定要记得做好通风散热处理，同时要注意进行防火隔热处理。暗装荧光灯时，其附件装设位置也要注意便于维护、检修。

Tips　荧光灯选购

1.看灯管上的标识。通常正规的荧光灯上面都有电压、功率和生产日期以及厂名和厂址，应仔细查验这些信息与外包装上的信息是否一致；同时，还需要注意是否通过国家3C认证。

2.看荧光灯管的外观。通常质量出色的荧光灯外观应该平整光滑，外表上没有任何毛刺、气泡以及任何杂质，荧光灯管内部的光粉应分布均匀、厚度相同且色泽出众。

3.看荧光灯灯头的固定性。环形荧光灯灯头的固定部分应不易拉开，受力时不易脱落并具有一定的耐热性。可以用打火机烧烤灯头的塑料固定部分。如果塑料不能燃烧，说明材料很好。如果在30s内燃烧但没有自动熄灭，则说明灯头的塑料固定部分阻燃性差。

4.根据型号选择。一般通用情况下可以采用细管径，即管径≤26mm的灯管，即T8、T5等类型来取代T12灯管。这类灯管有明显的节能效果。

二、LED灯：色彩丰富，光线可调

LED灯也被称为发光二极管，是一种能够将电能转化为可见光的半导体。它的基本结构是一块电致发光的半导体材料，置于一个有引线的架子上，四周用环氧树脂外壳密封，起到保护内部芯线的作用（图7-41，图7-42）。

1.优点

LED灯点亮无延迟，响应时间快，抗震性能好，无金属汞的毒害，发光纯度高，光束集中，体积小；无灯丝结构，因而不发热、耗电量低、寿命长，正常使用时间在6年以上，发光效率可达90%。LED使用低压电源，供电电压在6～24V之间，耗电量低，所以使用更为安全（图7-43，图7-44）。

2.发光色

目前，LED灯的发光色彩不多，发光管的发光颜色主要有红色、橙色、绿色、蓝色以及白色等，其中绿色又可细分为黄绿色、标准绿色和纯绿色。另外，有的发光二极管中包含2～3种颜色的芯片，可以通过改变电流强度来变换颜色，如小电流时红色的LED，随着电流的增加，可以依次变为橙色、黄色，最后变为绿色。同时，还可以改变其环氧树脂外壳的色彩，效果丰富。

3.规格和价格

LED灯的具体规格应根据实际空间进行选用。常用LED灯带功率是3.6～14.4 W/m，单色LED灯带的价格一般为10～15元/m。筒灯或射灯造型的LED灯价格一般为20～50元/个。

4.施工注意事项

施工时应特别注意，任何LED灯都要配置镇流器，发光二极管外部不能接触任何灯罩等材料；否则，会因放置过热而自燃。

 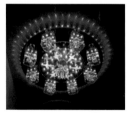  

图7-41　LED软管灯带
LED软管灯带表面由软质塑料封装，具有很好的防水效果，可随意安装。

图7-42　LED吊灯
LED吊灯属于新型节能产品，可用于各类空间中，装饰效果较好。

图7-43　LED灯带
LED灯带一般用于建筑空间内部的吊顶中，具有一定的照明作用，但更多的是起到装饰作用。

图7-44　LED装饰灯
LED装饰灯可用于商店、道路等需要灯具装饰的区域。这类灯具节能且装饰效果好，也比较美观。

三、灯具对比

灯具对比见表7-2。

表7-2　灯具对比

品种	图示	性能特点	用途	价格
荧光灯		结构简单，光色较冷，发光柔和，需要配置变压器，发热量小，节能环保，价格低廉	顶棚、灯箱等整体照明	长600mm，14灯管，15~20元/个
LED灯	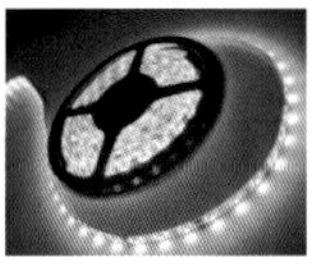	结构复杂，色彩丰富，光线可调节，自带变压器，发热量适中，节能环保，价格较昂贵	各种灯具照明	单色灯带，10~15元/m；筒灯或射灯，20~50元/个

第三节 ｜ 辅料配件

一、水龙头：节水设计，款式多样

水龙头又被称为水阀门，是用来控制水流开关、大小的装置，具有节水的功效。在建筑装饰中，水龙头的使用频率颇高，产品门类丰富；价格差距也很大，普通产品的价格范围从50~200元不等。

1.水龙头分类

水龙头分类见表7-3。

表7-3　水龙头分类

水龙头分类方式	水龙头类型	特点	图示
按结构划分	单联式	只连接冷水管或者热水管	
	双联式	可同时连接冷、热两根管道，多用于浴室面盆和厨房洗菜盆的水龙头	

续表

水龙头分类方式	水龙头类型	特点	图示
按结构划分	三联式	除了连接冷水、热水两根管道外，还可以连接淋浴喷头，主要用于浴缸的水龙头	
按开启方式划分	螺旋式	螺旋式手柄打开时，要旋转很多圈，出水较缓慢	
	扳手式	扳手式手柄一般只需旋转90°即可出水	
	抬启式	抬启式手柄只需往上一抬即可出水，这种开启方式较普遍	
	感应式	感应式水龙头只需将手伸到水龙头下便会自动出水，使用十分方便	
	延时式	延时水龙头在关闭水龙头后水还会再流几秒钟，可用于再次短时清洗	
按阀芯类型划分	橡胶阀芯（慢开阀芯）	水龙头的质量关键在于阀芯；使用橡胶芯的水龙头多为螺旋式开启的水龙头；这类水龙头开启速度较慢，现今基本上被淘汰	
	陶瓷阀芯（快开阀芯）	质量好，开启速度快，现今应用较普遍	
	不锈钢阀芯	适合水质较差地区	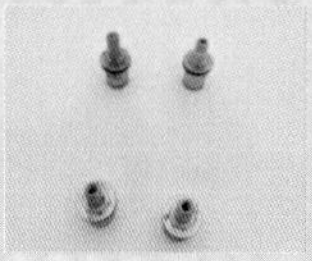

2.鉴别

（1）**观察外观。** 水龙头外表面一般经过镀铬处理，可以在光线充足的情况下，将水龙头放在手中，先伸直手臂远距离观察，优质产品的表面应该乌亮如镜，无任何氧化斑点、烧焦痕迹（图7-45～图7-48）。

（2）**注意材质。** 水龙头的主要部件一般采用黄铜铸成，有些厂家选用锌合金代替以降低生产成本；可以采用估重的方式来鉴别，黄铜较重、较硬，锌合金较轻、较软。

（3）**阀芯配件。** 阀芯的质量是水龙头的关键，目前水龙头普遍使用陶瓷阀芯。优质的陶瓷阀芯开启、关闭迅速，温度调节简便。

（4）**识别包装。** 水龙头产品应该采用柔软的面料包装，外部套装一层聚苯乙烯泡沫毡，包装盒内应该有生产厂家的品牌标识、质保证书等资料。

  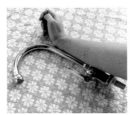 

图7-45　触摸表面	图7-46　观察管内	图7-47　皮肤接触	图7-48　转动管身
可以用手指按一下龙头表面，指纹如果能很快散开，则说明水龙头不易附着水垢，属于优质品。	可以在光线充足的情况下使用小手电筒照射水龙头内部，查看内部材质的颜色。	可以用手臂内侧皮肤突然接触水龙头。如果感到特别冰凉，那么该水龙头为铜质产品。	可以尝试转动水龙头管身，在转动手柄与管身时应感到轻便，无阻滞感。

二、地漏：排水较快，防臭防堵

地漏是连接排水管道与建筑地面的重要接口，是建筑空间中排水的重要器具。

1.地漏分类

地漏分类见表7-4。

表7-4　地漏分类

地漏类型	特点	图示
浅水封地漏	使用频繁，但如果长时间不使用，由于存水弯处没存水，水管的臭味和害虫会直接进入室内	

续表

地漏类型	特点	图示
深水封地漏	长时间使用，一些杂质或者头发会大面积附着其上，造成过水通道越来越狭窄，排水不畅；同时，地漏整体高度增加，导致很多管道铺设较浅的地方无法安装；购买地漏时，需要考虑排水管的高度是否适合安装	
广口水封地漏	这款地漏是升级版的深水封地漏，其排水口设计单一，排水更加畅通且能长时间有效防臭，不易堵塞；但其产品少，价格较贵	
扣盅水封地漏	盖子背面凸出一块，能够同时与地漏体里面形成水封防臭；由于有效水封较少，这款地漏还不能够真正、有效地防臭，并且排水很慢、易堵塞；因此，现今已被淘汰，禁止使用	
弹簧式地漏	弹簧易锈蚀，因而使用寿命短且不易清理，排水速度也慢，但短时间内，其防臭效果很好；又分为上弹式和下弹式两种款式的地漏，上弹式地漏是按压盖板，盖板弹起来，再次按压，就会复位；下弹式地漏是用弹簧拉伸密封芯下端的密封垫从而进行密封	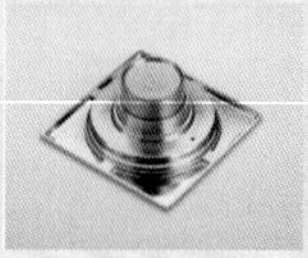
翻板地漏	利用水的重力打开翻板，在没水的情况下翻板合闭；其款式较多，使用寿命短，不能防臭且容易堵塞	
浮球式地漏	利用水的浮力浮起圆球，封闭排水口以达到防臭功能；需要经常疏通、清理，并且其排水功能差	
塑料筐式地漏	用塑料筐代替扣碗，这种形式的地漏清理较方便，不容易堵塞	
偏心块式密封地漏	地漏底部用一个一侧带有铅坠的塑料垫来密封，但密封不严密；同时，容易生锈，使用寿命不长	
吸铁石式密封地漏	利用两片磁铁相吸来密封，但磁铁容易吸附铁杂质，长时间磁力逐渐减弱，因而其性能不是十分稳定	

地漏类型	特点	图示
机械重力式密封地漏	利用密封芯内部的滑块与水流的平衡关系来开闭密封垫；由于无需水封和外力密封，因而其性能稳定，使用寿命较长	

2.规格与价格

优质地漏具备排水快、防臭味、防堵塞、免清理等优势。其中，防臭地漏带有水封，这是优质产品的重要特征之一，水封深度可以达到50mm。侧墙式地漏、带网框地漏、密闭型地漏一般不带水封。

防溢地漏、多通道地漏大多带水封，选用时应该根据安装部位来进行选择。对于不带水封的地漏，应该在地漏排出管处制作存水弯。地漏的规格一般为80mm×80mm，带水封的不锈钢地漏价格为20~30元/件，高档品牌的产品可达50元/件以上（图7-49，图7-50）。

3.安装与使用

（1）选购地漏时要注意产品质量，其保养方法与水龙头相当，地漏的使用效果主要与安装方式有关。

（2）安装时，地漏的上表面应低于地砖表面5mm左右，周边地砖铺贴应向地漏中心倾斜，坡度为2%左右。

（3）安装时要避免破坏防水层，避免杂物落入排水管造成阻塞。安装地漏应该尽量使用水泥材料，避免使用玻璃胶，防止固定不牢固。

图7-49　地漏

地漏的好坏直接影响了建筑空间内部的空气质量，优质地漏能够有效消除异味。

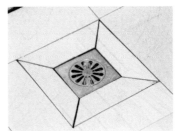

图7-50　地漏安装

地漏要安装在最低处，这样也能方便排水。建议安装于最低处瓷砖的中心处，也比较美观。

三、挂架：承重性强，不易脱落

卫浴挂架一般为五金制品，主要包括衣钩、单层毛巾杆、双层毛巾杆、单杯架、双杯架、皂碟、皂网、毛巾环、毛巾架、化妆台夹、马桶刷、浴巾架、双层置物架等；主要安装在卫生间、浴室墙壁上，用于放置或挂晾清洁用品、毛巾衣物等（表7-5）。

表7-5 卫浴挂架

卫浴类别	图示	备注
不锈钢挂架	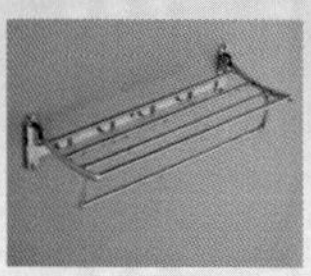	不锈钢挂架属于中低档产品，防锈性能较好，适合在比较潮湿的空间内使用且承重性也不错；但因为不锈钢很难焊接，金属加工性能也很差，所以只能进行简单加工，产品款式比较单一和呆板
锌合金挂架		锌合金挂架属于低档产品，因为锌合金金属加工性能很差，不能进行冲压成形加工，一般只能浇注成形。所以，底座一般比较笨重，款式比较陈旧；浇注过的锌合金挂架表面光洁度很差，电镀性能不好，镀层也比较容易脱落
铝合金挂架	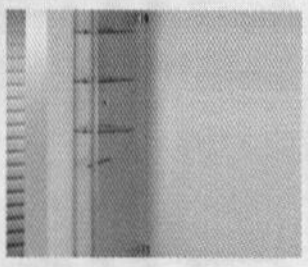	铝合金挂架属于中低档产品，表面一般是经氧化或拉丝处理，不能电镀，所以只能买到亚光产品；亚光产品最大的问题就是难于清洁；铝合金挂架重量很轻，方便安装，施工简单，但抗弯曲性能不是特别好
铜合金挂架	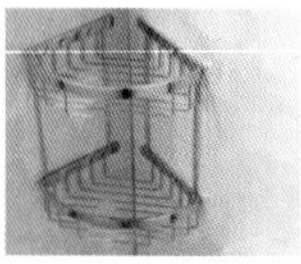	铜合金挂架是目前比较好的一种挂架，尤其以环保铜为最高档的材料；铜合金挂架对电镀层有良好的附着性，光洁度非常好，附着力也非常强，可以确保5年以上的良好电镀效果
浴巾架		浴巾架主要装在浴缸外边，离地约1800mm的高度，上层放置浴巾，下管可挂毛巾
双杆毛巾架		双杆毛巾架可装在卫生间中央部位的空旷墙壁上，单独安装时，离地约1500mm
单杆毛巾架	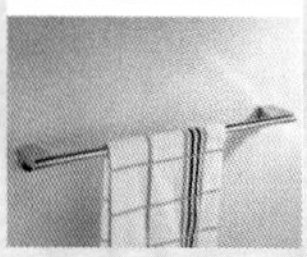	单杆毛巾架可装在卫生间中央部位的空旷墙壁上，一般离地约1500mm
单杯架、双杯架	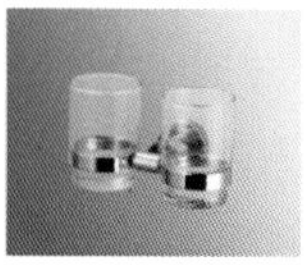	单杯架、双杯架一般装在洗脸台双侧的墙壁上，与化妆架成一条线，多用于放置牙刷和牙膏

卫浴类别	图示	备注
肥皂网、肥皂烟灰缸		肥皂网、肥皂烟灰缸多装在洗脸台双侧的墙壁上，与化妆台成一条线，可与单杯架或双杯架组合在一起；肥皂网也可以装在浴室的内墙上，以方便沐浴；肥皂烟灰缸多装在靠近马桶的一侧，方便掸烟灰
单双层置物架或化妆架	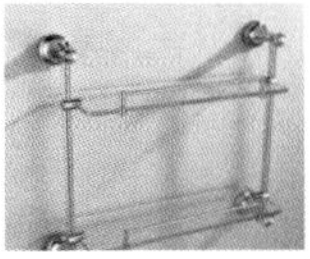	单层置物架或化妆架安装在洗脸台上方、化妆镜的下部，离脸盆的高度以300mm为宜，双层置物架或化妆架多安装在洗脸台双侧
衣钩	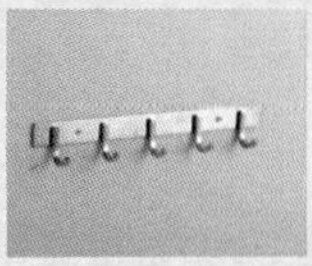	衣钩可安装在浴室外边的墙壁上，离地应在1700mm的高度，用于在沐浴时挂放衣服；也可以多个衣钩组合在一起使用
纸巾架		纸巾架安装在马桶侧，用手容易够到且不太明显的地方，一般以离地600mm为宜

Tips　挂架鉴别

1.优质挂架的涂层细腻发亮，有一种润泽感；而劣质挂架的涂层光泽较暗。

2.优质挂架的涂层比较耐磨，可仔细观察商家的样品；如果每天擦拭，好的产品表面基本不会磨损。

3.优质挂架的涂层非常平整，劣质挂架的涂层仔细看会发现表面有波浪状的起伏。

四、排水软管：节距灵活，伸缩性强

软管是现代工业中的重要部件。软管主要用于电线和淋浴软管，规格从3mm到150mm。螺帽样式多样，材料为铜或不锈钢；接头样式有固定型和旋转型，材料为铜或不锈钢；结构样式牢固，一般均通过抗压、抗拉、抗扭测试，长度一般为1200mm、1500mm、1800mm、2000mm（图7-51～图7-53）。

图7-51 塑料排水软管

塑料排水软管多用于排水，软管规格是14mm 、16mm 、17mm，表面处理一般为电解、电镀。

图7-52 不锈钢排水管

不锈钢排水管具有良好的防锈功能且韧性佳，在装修中使用频率较高。

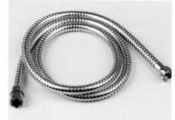

图7-53 花洒排水软管

排水软管常用于卫生间花洒，选购时需要检验排水软管的出水状况以及检查软管周边有无破裂现象等。

1.优点

（1）节距之间灵活，有较好的伸缩性，无阻塞，重量轻，口径一致性好，柔软性、重复弯曲性好。

（2）耐腐蚀性、耐高温性好，防鼠咬、耐磨损好；可防止内部电线受到磨损，耐弯折，抗拉性、抗侧压性强，柔软顺滑，易于穿线和安装。

2.选购

（1）选择有执行国家标准的。 在购买管材的时候，要仔细查看管材上面是否标明执行的国家标准；如果只是标明执行企业标准，则不宜购买。

（2）看水管性能。 首先要考虑在规定的压力和温度下都具有足够的机械强度，并且能对内部流动的液体有很好的耐腐蚀性。

（3）看价格。 在同等价格或者是价格相差不大的情况下，最好选择管材卫生、性能比较优越又便于安装和维修的水管。

（4）看外观。 排水软管的外观要光滑、平整，不会出现气泡和变色等现象，色泽也要均匀一致。此外，管材的刚度也要足够，这样使用时受按压也不会产生变形。

五、辅料配件对比

辅料配件对比见表7-6。

表7-6 辅料配件对比

品种	图示	性能特点	用途	价格
水龙头		产品门类丰富，价格差距大	控制水流开关、大小	4~350元/件

续表

品种	图示	性能特点	用途	价格
地漏		排水快，防臭味、防堵塞，免清理	连接排水管道与建筑地面	20~50元/件
挂架		样式有很多，安装较牢固，不易生锈或脱落	用于放置或挂晾清洁用品、毛巾、衣物等	25~200元/件
排水软管		结构样式牢固，一般均通过抗压、抗拉、抗扭测试，节距之间灵活，有较好的伸缩性	电线和淋浴软管的重要部件	8~32元/件

本章小结

　　洁具与灯具一般会批量购买，要注意把控好质量，以材质为纯铜、铝合金、不锈钢产品为佳，选择性价比最高的产品；同时，还应关注相关配件的价格与品质，以便后期维修、更换方便。

第八章

玻璃材料与制品

识读难度： ★★★☆☆

核心要点： 普通玻璃、钢化玻璃、夹层玻璃、彩釉玻璃、聚晶玻璃

分章导读： 玻璃材料具有良好的透光性，并且具有一定强度，是现代装饰必不可少的装饰材料（图8-1）。玻璃在门窗、家具、灯具、装饰造型方面都会有所应用。选购玻璃时除了选择美观的图案、样式之外，还要关注是否为钢化产品。光亮、晶莹质地的玻璃在建筑空间内不宜应用过多，以免令人感到眩晕。

图8-1　成品玻璃构件应用

第一节 | 普通玻璃

一、平板玻璃：透光率高，应用广泛

平板玻璃又被称为白片玻璃或净片玻璃，是最传统的透明固体玻璃，它是未经过进一步加工，表面平整而光滑，具有高度透明性能的板状玻璃的总称（图8-2）。

1.特性

（1）平板玻璃具有良好的透视效果，同时其透光性能也较好，一般3mm厚和5mm厚的无色透明平板玻璃的可见光透射比分别为88%和86%。平板玻璃对于近红外线的透过率较高，但对可见光反射产生的远红外线却能有效阻挡，可以产生比较明显的"暖房效应"。

（2）平板玻璃具有隔声和一定的保温性能，但平板玻璃的抗拉强度却远远小于抗压强度，是比较典型的脆性材料。

（3）平板玻璃还具有较高的化学稳定性，主要表现在平板玻璃对于酸、碱、盐和化学试剂及气体有较强的抵抗能力，但如果长期遭受侵蚀介质的作用也能导致平板玻璃受到破坏。例如，玻璃的风化和发霉都会导致其整体外观受到破坏和透光能力的降低。

（4）平板玻璃热稳性较差，一旦出现急冷或急热的情况，很容易发生爆裂。

2.分类

平板玻璃按厚度可分为薄玻璃、厚玻璃、特厚玻璃；平板玻璃还可以通过着色、表面处理、复合等工艺制成具有不同色彩与各种特殊性能的玻璃制品。

3.规格与价格

平板玻璃的规格一般不低于1000mm×1200mm，厚度通常为2～20mm，其中厚度为5～6mm的产品最大规格可以达到3000mm×4000mm。目前，常用平板玻璃的厚度有3mm～25mm多种，应用方式均有不同。目前，在建筑装饰中，5mm厚的平板玻璃应用最多，常用于各种门、窗玻璃，价格为35～40元/m^2（图8-3）。

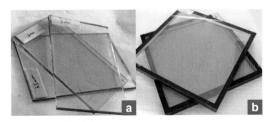

图8-2 平板玻璃

平板玻璃具有透光、透明、保温、隔声以及耐磨、耐气候变化等性能。

图8-3 平板玻璃应用

左：平板玻璃用于推拉柜门通透性较好且比较美观，还能有效防尘。

右：平板玻璃窗透光性较好且具有广阔的视野，适用于对阳光要求比较高的区域。

二、镜面玻璃：单向穿透，装饰性好

镜面玻璃又被称为涂层玻璃或镀膜玻璃，它是以金、银、铜、铁、锡、钛、铬或锰等有机或无机化合物为原料，采用喷射、溅射、真空沉积、气相沉积等方法，在玻璃表面形成氧化物涂层（图8-4，图8-5）。

1.适用范围

目前，在现代装饰中运用的镜面玻璃分为铝镜玻璃与银镜玻璃。铝镜玻璃背面为镀铝材质，颜色偏白、偏灰，一般用于背景墙、吊顶、装饰构造的局部，价格较低。银镜玻璃背面为镀银材质，经敏化、镀银、镀铜、喷漆等系列工序制成，成像纯正、反射率高、色泽还原度好，价格较高。

2.规格与价格

镜面玻璃的规格与平板玻璃一致，厚度通常为 $4 \sim 6mm$，其中5mm厚的银镜玻璃价格为 $40 \sim 45元/m^2$。选购时应注意观察镜面玻璃是否平整，反射的影像不能发生变形。

图8-4 镜面玻璃色彩

镜面玻璃的涂层色彩有多种，常用的有金色、银色、灰色、古铜色等。

图8-5 带涂层的镜面玻璃

带涂层的玻璃具有视线的单向穿透性，即视线只能从有镀层的一侧观向无镀层的一侧。

第二节 | 玻璃砖

玻璃砖是用透明或彩色玻璃制成的块状、空心玻璃制品或块状表面施釉的玻璃制品。由于玻璃制品的特性，常用于需要采光及要求防水的区域，一般可分为空心玻璃砖、实心玻璃砖、玻璃饰面砖。

一、空心玻璃砖：定制加工，隔断砌筑

1.分类

空心玻璃砖主要有透明玻璃砖、雾面玻璃砖、纹路玻璃砖几种产品（图8-6，图8-7）。

2.优点

空心玻璃砖在生产中可以根据设计要求来定制尺寸、大小、花样、颜色，而且无放射性物质与刺激性气味元素，属于绿色材料。如果将玻璃砖用于外墙、外窗砌筑，还可以将

自然采光与室外景色融为一体并带入建筑空间内部（图8-8，图8-9）。

3.适用范围与规格

空心玻璃砖不仅可以用于砌筑透光性较强的墙壁、隔断、淋浴间等，还可以应用于外墙或建筑空间内部间隔，为使用空间提供良好的采光效果，有延续空间的感觉。无论是单块镶嵌使用，还是整片墙面使用，皆可有画龙点睛之效。空心玻璃砖的边长规格一般为195mm，厚度为80mm，价格为15~25元/块。

图8-6　空心玻璃砖
空心玻璃砖因其制作方式和内部组成方式的不同，光线的折射程度也会有所不同。

图8-7　彩色空心玻璃砖
空心玻璃砖还可以拥有各种各样的色泽，透光性和美观性都很好。

图8-8　空心玻璃砖走道隔墙设计
空心玻璃砖可依照尺寸的变化设计出直线墙、曲线墙及不连续墙，制作的隔墙也具有很好的装饰效果。

图8-9　空心玻璃砖圆弧形幕墙设计
空心玻璃砖强度高、耐久性好，能经受住风的袭击，不需要额外的围护结构就能保障安全。

二、实心玻璃砖：质地较重，色彩丰富

实心玻璃砖的构造与空心玻璃砖相似，是由两块中间为圆形的凹陷玻璃体粘接而成。

1.适用范围

由于是实心构造，这种砖较重，一般只能粘贴在墙面上或借助其他加强的框架结构才能安装。一般只作为建筑空间内部装饰墙体使用，用量相对较

图8-10　实心玻璃砖
在设计时，实心玻璃砖周边一般会布置灯光，在夜间或采光较弱的空间中可以起到点缀装饰的作用。

图8-11　实心玻璃砖的色彩
实心玻璃砖同样拥有比较丰富的色彩，但是大多数实心玻璃砖是没有内部花纹的，只是表面有磨砂效果。

小。实心玻璃砖也可以砌筑，但是砖体周边没有凹槽，不能穿插钢筋，砌筑高度一般小于1m，砌筑过高容易造成墙体变形、坍塌（图8-10，图8-11）。

2.规格与价格

实心玻璃砖的边长规格一般为150mm，厚度为60mm，价格为20~30元/块。

三、玻璃饰面砖：效果独特，样式丰富

玻璃饰面砖又被称为三明治玻璃砖，它是采用两块透明的抗压玻璃板，在其中间的夹层随意搭配其他材料，最终经热熔而成。

1.适用范围

玻璃饰面砖中可夹入金属、贝壳、树皮等各种具有装饰效果的物品，装饰效果特别独特，晶莹透亮，很多厂商都将此类设计作为这种产品的开发重点（图8-12）。

图8-12　玻璃饰面砖样式

玻璃饰面砖饰面多采用自然图案或生活中的常见物作为表面修饰，装饰效果非常好。

2.规格与价格

玻璃饰面砖离不开墙体或框架结构的依托，因此用量不大，一般都与常规墙、地砖配套使用，镶嵌在墙、地砖的铺装间隙。玻璃饰面砖的边长规格一般为150～200mm，厚度为30～50mm。具体规格应根据厂商设计要求来定，价格为50～80元/块。

Tips　鉴别玻璃砖

1.外观识别。玻璃砖的表面品质应当精致、细腻，不能存在裂纹，玻璃坯体中不能有不透明的未熔物；两块玻璃体之间的熔接应当完全密封，不能出现任何缝隙。

2.测量尺寸。可以用卷尺测量砖体各边的长度，看其是否符合产品包装上标称的尺寸，误差应小于1mm（图8-13，图8-14）。

图8-13　抚摸表面

目测砖体表面，无涟漪、气泡、条纹等瑕疵的为优质品，还可以抚摸其表面感受表面纹理。

图8-14　测量边长

玻璃砖表面的内心面里凹陷应小于1mm，外凸应小于2mm；外观无翘曲及缺口、毛刺等缺陷，角度应平直。

第三节 ｜ 特种玻璃

一、彩釉玻璃：色彩丰富，装饰性好

彩釉玻璃是在平板玻璃或压花玻璃表面涂覆一层易熔性色釉，然后加热到釉料熔化的温度，使釉层与玻璃表面牢固地结合在一起，经烘干、钢化处理而制成的玻璃装饰材料（图8-15，图8-16）。

图8-15　彩釉玻璃

彩釉玻璃适合小范围使用，如装饰背景墙、立柱等，背后应衬托其他装饰材料才能完美体现玻璃的质地。

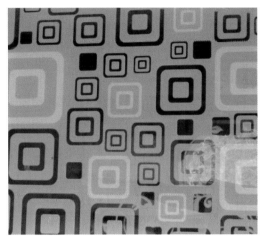

图8-16　彩釉玻璃细节

彩釉玻璃花纹和图案样式比较多且表面触感良好，光泽亮丽，装饰效果强。

1.优点

彩釉玻璃釉面永不脱落，色泽及光彩保持常新，背面涂层能抗腐蚀、抗真菌、抗霉变、抗紫外线，能耐酸、耐碱、耐热、防水、不老化，不易受温度与天气变化的影响；可以制成透明彩釉、聚晶彩釉、不透明彩釉等品种。彩釉玻璃颜色鲜艳，个性化选择余地大，有上百余种可供挑选（图8-17）。

2.规格与价格

目前市面上还出现了烤漆玻璃，其工艺原理与彩釉玻璃相同，但是漆面较薄，容易脱落，价格相对较低。彩釉玻璃的规格与平板玻璃相当，5mm厚的彩釉玻璃价格为100～120元/m^2。彩釉玻璃以压花形态居多，具体价格可根据花样、色彩、品种的不同来确定，但整体价格较高。

图8-17 黄色彩釉玻璃幕墙设计

黄色彩釉玻璃、自然的原生木条以及钢结构组成的"幕帘"设计，制造出强烈的视觉冲击效果，灯光下灿如黄色水晶。

二、聚晶玻璃：抗酸抗碱，色泽多样

聚晶玻璃是利用普通玻璃加工而成，用聚晶玻璃涂料制作成多种风格不同的块件，色彩不易脱落，是一种全新的装饰材料（图8-18，图8-19）。

1.特性

聚晶玻璃具备良好的耐湿、防潮、抗酸以及抗碱等性能，而且色泽多种多样，纹样也十分丰富。

2.适用范围

聚晶玻璃已在国内外开始流行，可用于窗台、线条、大堂墙幕以及诸多建筑空间内部墙壁的表面及地面装饰；也可制作成厨台、餐桌、屏风、炉面以及洁具等，并且能与木制品混合使用。

图8-18 聚晶玻璃

聚晶玻璃制作方法灵活多变，可自定颜色、图案、规格进行加工、钻孔和制作成各种形状。

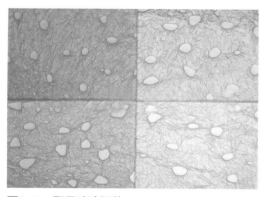

图8-19 聚晶玻璃细节

聚晶玻璃高雅亮丽，质感胜于陶瓷制品，能在同一面板上做成多种色彩；也可通过热弯造成曲折及半圆体。

三、夹丝玻璃：强度较高，安全性好

夹丝玻璃又被称为防碎玻璃，它是将普通平板玻璃加热到红热软化状态时，再将预热处理过的铁丝或铁丝网嵌入玻璃中制作而成（图8-20，图8-21）。

1.特性

（1）防火性。 夹丝玻璃内部含有铁丝，即使玻璃破碎，线或网也能止

图8-20 夹丝玻璃

夹丝玻璃还可以分为夹丝压花玻璃和夹丝磨光玻璃，一般厚度为6mm、7mm以及10mm等。

图8-21 夹丝玻璃内部材料

夹丝玻璃内部所含的铁丝网表面是经过特殊处理的，不会轻易出现生锈的情况。

住碎片，不会出现崩落和破碎的情况；当火焰穿破的时候，也可以有效遮挡火焰和火焰粉末的侵入，能够很好地防止火焰从开口处扩散、延烧。

（2）安全性。 夹丝玻璃即使破裂，碎片也很难飞散，因此在遇到地震、狂风、冲击等外部压力使玻璃破碎时，也能在一定程度上避免碎片伤人的事故发生。

（3）防盗性。 夹丝玻璃内部含有铁丝网，安全性较高，即使外部玻璃破碎，内部仍有一层铁丝网能够杜绝小偷的侵入。

2.适用范围

按照建筑法有关规定，夹丝玻璃还可用于防止火灾。

四、中空玻璃：隔热保温，定制加工

中空玻璃是一种良好的隔热、隔声、美观适用并可降低建筑物自重的新型建筑材料，它是用两片（或三片）玻璃，使用高强度、高气密性复合胶黏剂，将玻璃片与内含干燥剂的铝合金框架粘接，制成的高效、隔声、隔热玻璃（图8-22，图8-23）。

图8-22 中空玻璃色彩

高性能中空玻璃有多种色彩，可以根据需要选用色彩，以达到更理想的艺术效果。

图8-23 中空玻璃

中空玻璃的反射率与其内部的压力以及外部的色彩都有比较大的联系。

1.特性

（1）节能。 中空玻璃具有比较好的热导率，能够有效减轻建筑空间内部各设备的负载量，较其他玻璃节能。

（2）改善建筑空间内部环境。性能比较好的中空玻璃可以有效拦截由太阳投射到建筑空间内部的能量，因而可以防止因辐射热引起的不舒适感和减轻阳光夕照引起的目眩。

图8-24 中空玻璃应用

中空玻璃可用于外层玻璃装饰，其光学性能、热导率、隔声系数等均应符合国家标准。

2.适用范围

高性能中空玻璃适用于办公大楼、展览室、图书馆等公共设施和计算机房、精密仪器车间、控制室等要求恒温、恒湿的特殊建筑物。此外，高性能的中空玻璃也可以用于防晒和防夕照目眩的区域（图8-24）。

五、钢化玻璃：安全性高，强度较高

钢化玻璃是安全玻璃的代表，它是以普通平板玻璃为基材，通过加热到一定温度后再迅速冷却而得到的玻璃（图8-25，图8-26）。

1.优点

（1）强度比普通玻璃提高数倍，抗弯强度是普通玻璃的3～5倍，抗冲

图8-25 超白钢化玻璃

钢化玻璃属于安全玻璃，具备很强的抗冲击力，主要是采用钢化方法对玻璃进行强化。

图8-26 钢化玻璃色彩

钢化玻璃和平板玻璃一样，拥有丰富的色彩，装饰效果较好。

击强度是普通玻璃的5～10倍；在提高强度的同时，也提高了安全性。

（2）钢化玻璃具有很高的使用安全性能，其承载能力的增大能改善易碎性质；即使钢化玻璃遭到破坏后，也呈无锐角的小碎片，大幅降低了对人的伤害。

（3）钢化玻璃的表面会存在凹凸不平的现象，厚度会轻微变薄。变薄的原因是因为玻璃在热熔软化后经过快速冷却，使其玻璃内部晶体间隙变小，所以玻璃在钢化后要比在钢化前要薄。一般情况下，4～6mm厚的平板玻璃经过钢化处理后会变薄0.2～0.5mm。

2.缺点

（1）钢化玻璃不能随意进行再切割和再加工，一般只能在钢化前就对玻璃进行加工至需要的形状，之后再进行钢化处理。

（2）钢化玻璃强度虽然比普通玻璃强度高，但是钢化玻璃自爆的可能性较大；而普通玻璃不存在自爆的可能。

（3）钢化玻璃的表面会存在凹凸不平的现象，而且会有轻微的厚度变薄，不能用于镜面。

3.适用范围

在现代装饰中，钢化玻璃主要用于淋浴房、玻璃家具、无框玻璃门窗、装饰隔墙以及吊顶等构造。

4.常用钢化玻璃

常用钢化玻璃见表8-1。

表8-1　常用钢化玻璃

分类依据	类别	特性
按形状分	平面钢化玻璃	一般平面钢化玻璃厚度有11mm、12mm、15mm、19mm等十二种，曲面钢化玻璃厚度则有11mm、15mm、19mm等八种
	曲面钢化玻璃	
按工艺分	物理钢化玻璃（淬火钢化玻璃）	物理钢化玻璃处于内部受拉、外部受压的应力状态，一旦局部发生破损，便会发生应力释放，玻璃就会破碎成无数小块；这些小的碎片没有尖锐棱角，但不会轻易伤人
	化学钢化玻璃	化学钢化玻璃主要是通过改变玻璃表面的化学组成来提高玻璃的强度，一般是应用离子交换法进行钢化
按钢化度分	钢化玻璃	钢化度为2～4N/cm，玻璃幕墙钢化玻璃表面应力$\delta \geqslant$95MPa
	半钢化玻璃	钢化度为2N/cm，玻璃幕墙半钢化玻璃表面应力为：24MPa$\leqslant\delta\leqslant$69MPa
	超强钢化玻璃	钢化度>4N/cm

5.规格和价格

钢化玻璃的规格与平板玻璃一致，厚度通常为6～15mm，其中厚度为6mm的钢化玻璃价格为60～70元/m^2。钢化玻璃的价格一般要比同规格的普通平板玻璃高20%～30%（图8-27～图8-29）。

图8-27　钢化玻璃扶梯

钢化玻璃扶梯因其高硬度的特点，因而十分安全，耐久性也较好。

图8-28　钢化玻璃茶几

钢化玻璃茶几全部由钢化玻璃组成，十分通透，各细节部位熔接也很紧密。

图8-29　钢化玻璃淋浴房

钢化玻璃淋浴房四面由钢化玻璃构成，具有良好的稳定性，安全系数较高。

选购钢化玻璃

1.在选购钢化玻璃时要注意识别，即钢化玻璃可以透过偏振光片在玻璃的边缘上看到彩色条纹；而在玻璃面层观察时，可以看到黑白相间的斑点。

2.偏振光片可以借用照相机镜头或眼镜来观察。观察时应注意调整光源方向，这样更容易观察（图8-30）。

3.钢化玻璃上有3C质量认证标志的方可购买（图8-31）。

3C质量认证标志

图8-30　观察玻璃面层

观察钢化玻璃是否通透，有无杂点、气泡等缺点；看两片玻璃长边之间有没有明显缝隙，如果有缝隙是不是都呈一定的弧形。

图8-31　3C质量认证标志

看玻璃原片上是否有3C质量认证标志和品牌标志；一些残次的钢化玻璃在制造过程中烧制温度较低，没有达到满足的强度，因此使用时易因高温或磕碰爆裂。

六、夹层玻璃：隔声效果好，样式丰富

夹层玻璃是在两片或多片平板玻璃或钢化玻璃之间，夹以聚乙烯醇缩丁醛树脂胶片，再经过热压粘接而成的平面或弯曲的复合玻璃制品（图8-32，图8-33）。

1.优点

（1）安全性好。一般采用钢化玻璃加工，破碎时玻璃碎片不零落飞散，只产生辐射状裂纹，不易伤人；抗冲击强度优于普通平板玻璃，防范性好并有耐光、耐热、耐湿、隔声等性能。

图8-32　夹层玻璃

夹层玻璃应根据中间膜的熔点不同，可分为低温夹层玻璃、高温夹层玻璃以及中空玻璃。

图8-33　夹层玻璃栏板

夹层玻璃制作的栏板具有很好的透光性，玻璃即使碎裂，碎片也会被粘接在薄膜上，安全系数较高。

（2）**样式丰富**。夹层玻璃属丁复合材料，还可以采用彩釉玻璃进行加工，甚至在中间夹上碎裂的玻璃，形成不同的装饰形态。

（3）**可设计**。夹层玻璃具有可设计性，即能根据性能要求，自主设计、制作出新的使用形式，如隔声夹层玻璃、防紫外线夹层玻璃、遮阳夹层玻璃以及电热夹层玻璃等品种。

（4）**隔声效果好**。夹层玻璃能阻隔声波，维持安静、舒适的起居环境，能过滤紫外线，保护皮肤健康，避免贵重家具、陈列品等褪色。

（5）**降低能耗**。夹层玻璃可减弱太阳光的透射，降低制冷能耗，而且夹层玻璃受大的撞击破损后，其碎块与碎片仍与中间膜粘接在一起，不会发生脱落，造成伤害。

2.缺点

夹层玻璃的缺点是被水浸透后，水分子更容易进入玻璃夹层中，使玻璃表面模糊。

3.规格与价格

夹层玻璃的规格与平板玻璃基本一致。其中厚度为4mm加4mm的夹层玻璃价格为80～90元/m^2。如果换为钢化玻璃制作，其价格比同规格的普通平板玻璃要高出40%～50%。

Tips　**鉴别与选购夹层玻璃**

1.看外观查质量。查看产品的外观质量，夹层玻璃不应有裂纹、脱胶；爆边的长度或宽度不应超过玻璃的厚度；划伤和磨伤不应影响使用；中间层的气泡、杂质或其他可观察到的不透明物等缺陷不应超过GB/T 15763.3标准的要求。

2.看证书。自2003年开展安全玻璃产品认证以来，全国大多数建筑夹层玻璃生产企业都通过了产品认证，企业必须在出售的产品本体上丝印或粘贴3C标志，或者在其最小外包装上和随附文件中施加3C标志。

3.查看相关产品标识。选购产品时首先要查看是否有3C标志并根据企业信息、工厂编号或产品认证证书等通过网络查看购买的产品是否在该企业已通过强制认证，其认证证书是否有效。

七、磨砂玻璃：隐私性好，过滤强光

磨砂玻璃又名毛玻璃、暗玻璃，是用普通平板玻璃经机械喷砂、手工研磨或化学方法处理等将表面处理成粗糙不平整的半透明玻璃，一般多用于办公室、卫生间的门窗上（图8-34）。

1.优点

磨砂玻璃具备良好的隔声效果，同时安全程度较高；出现破碎情况时，玻璃碎片也不会伤人。此外，磨砂玻璃从表面看起来时，会看不清建筑空间内部的情况，能给人一种很模糊的感觉，可以很好地保证隐私。

2.缺点

磨砂玻璃不能再进行切割和再加工，而且在温差变化较大时有自爆的可能。此外，磨砂玻璃的表面会存在凹凸不平的现象，因此不能作为镜面使用。

图8-34　磨砂玻璃

可以在磨砂玻璃表面贴上一层透明胶布，此时光线可以完整地被反射，磨砂玻璃表面也可以变得平整。此外，用湿布擦拭磨砂玻璃后也能看清楚。

八、压花玻璃：装饰性好，隐私性好

压花玻璃也称为花纹玻璃，主要应用于建筑空间内部隔断以及门窗玻璃等。玻璃上的花纹和图案漂亮精美，装饰效果较好（图8-35）。

压花玻璃主要通过压制而成，因此具备比较好的强度，同时压花玻璃可以生产出各种颜色的产品，装饰

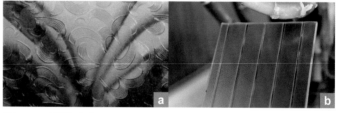

图8-35　压花玻璃

压花玻璃能阻挡一定的视线，同时又具备良好的透光性；但需要注意的是为了避免尘土的污染，安装时要注意将印有花纹的一面朝向内侧。

效果较佳。与压花玻璃类似的是磨砂玻璃。磨砂玻璃与压花玻璃，两者在光学性质上并没有太多区别，只不过磨砂玻璃面上的纹理更小、更细密，因此经过磨砂玻璃反射、折射和漫射的光线相比压花玻璃更均匀和柔和。

九、变色玻璃：纹理丰富，色彩可变

变色玻璃是指在光照、温度、电场或电流、表面施压等一定条件下改变颜色且随着条件的变化而发生相应变化，当施加条件消失后又能可逆地自动恢复到初始状态的玻璃，也称为调光玻璃（图8-36）。

图8-36　变色玻璃

变色玻璃主要可以分为光致变色玻璃、热致变色玻璃、电致变色玻璃和力致变色玻璃，它一般会随外界环境的变化而改变自身的透过特性，能够实现对太阳辐射能量的有效控制，从而达到节能的目的。

1.电致变色玻璃

电致变色玻璃是一种新型的功能玻璃，它可以实现根据人的意愿调节光照度的目的；同时，电致变色系统通过选择性地吸收或反射外界热辐射和阻止内部热扩散，可减少办公大楼等建筑物在夏季保持凉爽和冬季保持温暖而必须耗费的大量能源。

2.光致变色玻璃

光致变色玻璃的颜色和透光度可以随日照强度而自动发生变化：日照强度高，玻璃的颜色深，则透光度低；反之，日照强度低，玻璃的颜色浅，则透光度高。

> **Tips**　玻璃使用注意事项

　　1.对于位于建筑空间内部一侧的平板玻璃可以选用中性硅酮玻璃胶，环保性能较好；对于位于室外一侧的平板玻璃可以选用聚氨酯玻璃胶，耐候性能较好（图8-37）。

室内窗户打胶　　室外窗户打胶

图8-37　玻璃胶施工

　　2.普通平板玻璃不能用于无框构造制作，以防破裂。

　　3.在使用钢化玻璃过程中，应尽量避免外力冲击，尤其是钢化夹层玻璃要避免尖端部分受外力冲击。

　　4.清洁玻璃时注意不要划伤或擦伤、磨伤玻璃表面，以免影响其光学性能、安全性能及美观。

　　5.夹层玻璃在安装时应使用中性胶，严禁与酸性胶接触。

十、玻璃对比

玻璃对比见表8-2。

表8-2　玻璃对比

类别	图示	性能特点	用途	价格
平板玻璃		透光率高，清亮透明；能隔风挡雨，表面光洁平整，价格较低	门窗、柜门以及小面积隔板	厚5mm，35～40元/m²

续表

类别	图示	性能特点	用途	价格
镜面玻璃		能反射光影，背面有涂层，表面光洁平整	梳妆镜面、装饰墙面以及顶面	厚5mm，40~45元/m²
空心玻璃砖		可定制尺寸、样式和色彩，无放射性物质	砌筑透光性较强的墙、壁、隔断以及淋浴间等	长195mm，厚80mm，15~25元/块
实心玻璃砖		无放射性物质	隔断	长150mm，厚60mm，20~30元/块
玻璃饰面砖		具有一定的透光性，表面图案丰富，装饰性强	个别区域的墙面装饰	长150~200mm，厚30~50mm，50~80元/块
彩釉玻璃	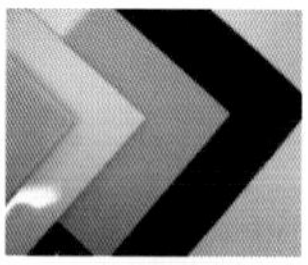	色彩丰富，时尚性较强，装饰效果好，价格较高	构造、背景墙装饰	厚5mm，100~120元/m²
聚晶玻璃		耐湿、防潮、抗酸、抗碱，而且色泽多种多样	建筑空间内部墙、地面装饰	厚5mm，80~120元/m²
夹丝玻璃		强度高，安全性能最高；中间有夹丝，影响视线	外墙防盗门窗，玻璃隔墙	厚5mm+厚5mm，120~150元/m²
中空玻璃		强度较高，隔热、保温性能最高，价格高；定制加工产品时，成形后不能裁切	外墙保温门窗	厚4mm+厚5mm+厚4mm，100~120元/m²；铸造产品300元/m²以上
钢化玻璃		强度较高，安全性高；定制加工产品时，成形后不能裁切	大面积无框门窗，玻璃隔墙，家具构造	厚6mm，60~70元/m²

类别	图示	性能特点	用途	价格
夹层玻璃		隔热、保温性能较好，安全性更高，可定制加工	住宅外墙门窗，玻璃隔墙	厚4mm＋厚4mm，80～90元/m²
磨砂玻璃		透光不透视；能保护隐私，过滤强光	构造、门窗装饰	厚5mm，40～50元/m²
压花玻璃		透光不透视；能保护隐私，过滤强光，装饰纹理多样	构造、门窗装饰	厚5mm，40～100元/m²
变色玻璃	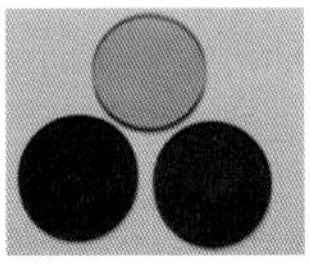	纹理丰富，可变色彩，装饰效果好，价格较高	构造、背景墙装饰	厚5mm，100～120元/m²

本章小结

　　成品玻璃构件除本章中提到的玻璃品种之外，还包括防弹玻璃、热弯玻璃、玻璃纸、调光玻璃以及LED光电玻璃等，充分了解这些玻璃新品种的特性，对完善设计也会有很大帮助。在合理选用玻璃过程中，还要避免产生光污染以及玻璃破碎后可能产生的危害。

参考文献

[1] 罗素·盖格. 建筑装饰材料. 北京: 中国青年出版社. 2012.

[2] 王强. 装饰材料与构造. 天津: 天津大学出版社, 2011.

[3] 陈雪杰, 业之峰装饰. 室内装饰材料与装修施工实例教程. 北京: 人民邮电出版社, 2016.

[4] 石珍. 建筑装饰材料图鉴大全. 上海: 上海科学技术出版社, 2012.

[5] 孙晓红. 建筑装饰材料与施工工艺. 北京: 机械工业出版社, 2013.

[6] 李凤. 建筑室内装饰材料. 北京: 机械工业出版社, 2018.

[7] 清华大学美术学院装饰应用材料与信息研究所（编）. 装饰材料应用与表现力的挖掘. 北京: 中国建筑工业出版社, 2007.

[8] 张玲、王金玲. 装饰材料与构造设计. 北京: 中国轻工业出版社, 2018.

[9] 李燕, 任淑霞. 建筑装饰材料. 北京: 科学出版社, 2018.

[10] 张国辉. 建筑装饰材料工学. 北京: 中国建材工业出版社, 2012.

[11] 王淮梁, 金倍, 周晖晖. 装饰材料与构造. 合肥: 合肥工业大学出版社, 2010.

[12] 张秋梅, 王超. 装饰材料与施工. 湖南: 湖南大学出版社, 2011.

[13] 吴锐, 何艺梦, 何源. 装饰材料纵横. 北京: 中国建筑工业出版社, 2014.

[14] 曹雅娴. 建筑装饰材料与室内环境检测. 北京: 机械工业出版社, 2018.

[15] 安素琴. 建筑装饰材料识别与选购. 北京: 中国建筑工业出版社, 2010.

[16] 朱波, 姚通稳. 建筑装饰材料质量控制与检测. 北京: 化学工业出版社, 2010.

[17] 赵俊学. 建筑装饰材料与应用. 北京: 科学出版社, 2016.

[18] 张英杰. 室内装饰材料与应用. 北京: 化学工业出版社, 2015.

[19] 张育才, 高建荣. 建筑装饰材料制品工艺. 北京: 化学工业出版社. 2009.

[20] 史志伟. 建筑立面装饰材料设计. 江苏: 江苏科学技术出版社, 2015.